L'ESPRIT DES SCIENCES

DU THERMOMÈTRE À LA TEMPÉRATURE

Roger Lamouline

Ingénieur industriel en électronique
ETSE Bruxelles

ellipses

Dans la même collection

1. Pourquoi ont-ils inventé les fractions ?
2. Anatomie des atomes
3. 2500 ans de mathématiques. L'évolution des idées
4. Les Cristaux, fenêtres sur l'invisible
5. Les Mathématiques apprivoisées
6. La Naissance des objets mathématiques
7. Les Quarks, histoire d'une découverte
8. De l'alchimie à la chimie
9. La Relativité selon Einstein
10. L'émergence des mathématiques
11. Lumières sur les couleurs
12. Le Calcul confié aux machines
13. Une petite histoire de la physique
14. La Vie
15. Le Langage silencieux de la nature
16. Promenades au pays des nombres
17. La Statistique en pratique
18. L'Écologie dans tous ses états
19. L'Odyssée du vivant
20. Il était une fois l'évolution
21. La Terre : une vie de tourmente
22. Les Mathématiques, art, science et langage
23. Une petite histoire de la médecine
24. Les Ondes aujourd'hui
25. Idées reçues en biologie
26. Des esprits aux atomes. Une histoire des conceptions de la matière
27. La Radioactivité. Mécanismes et applications
28. Un siècle de science au fil des Nobel
29. La Quadrature du cercle et le nombre π
30. Architecture de l'Univers
31. La Mer, les océans
32. De la matière vivante à la vie brevetée
33. Histoire de la logique
34. Du thermomètre à la température
35. Pour quoi et comment le sexe
36. La Chimie c'est tout une histoire. Idées et conquêtes des origines à nos jours
37. Le Climat, objet de curiosité et de polémiques

ISBN 2-7298-2268-2

32, rue Bargue 75740 Paris cedex 15

www.editions-ellipses.fr

INTRODUCTION

L'idée d'écrire un ouvrage sur un instrument aussi banal que le thermomètre m'est venue début août 2003, lorsque la canicule s'est installée en Europe. Du coup, les misères du monde n'étaient plus qu'anecdotes devant le très médiatique réchauffement climatique. Deux fois par jour, des millions de personnes s'installaient devant leur téléviseur, non pour savoir comme d'habitude s'il allait pleuvoir mais pour qu'on leur dise ce qu'indiquait le thermomètre officiel. On jetait tout de même un coup d'œil sur les autres régions pour voir celle qui atteindrait et dépasserait le fatidique « 40 ° à l'ombre ». À la météo, on ne disait même pas « le thermomètre », mais... « le mercure »[1].

Mes amis me disent : tu veux écrire un livre sur le thermomètre ! Mais que peut-on bien en dire ? Il est vrai que se pencher sur l'histoire d'un instrument aussi simple qu'un tube en verre empli de mercure ou d'alcool coloré peut sembler une perte de temps. Pourtant, pour le voir apparaître, il fallut attendre la renaissance italienne car il est né à Florence vers 1650, pourvu de graduations sous formes d'élégantes perles d'émail, mais sans que l'on se donnât la peine de définir et de chiffrer les « degrés de chaleur ».

Une quinzaine d'années plus tard, Robert Hooke inventa la première graduation rationnelle, mais ce n'est qu'en 1794 que la graduation dite centigrade fut officialisée par la première république française. On notera au passage l'his-

1. Entendu à la TV le 16 août 2003 : « Même si le mercure est retombé, le thermomètre politique indique une certaine fièvre ».

toire complexe de l'échelle que Gabriel Fahrenheit proposa en 1724. Elle obtint un énorme succès et fait toujours de la résistance dans les pays anglo-saxons. D'autre part, il est bien possible que, sans la Révolution française, notre thermomètre actuel serait toujours celui que Réaumur inventa en 1730 et dont l'échelle était divisée en 80 degrés ; mais il est téméraire de vouloir refaire l'histoire.

Chacun de nous est bien conscient que si la glace gèle à zéro degré, c'est uniquement pour nous faire plaisir. Elle gelait d'ailleurs à 150 degrés en Russie au temps de la grande Catherine. Tout le monde comprend l'intérêt de définir un zéro incontestable correspondant, si l'on peut dire, à la « nature des choses ». C'est cette recherche obstinée et fructueuse qui aboutit il y a un siècle et demi à la définition d'une « vraie température », dite *absolue*. La température absolue ne sert à rien du tout dans la vie quotidienne et pourtant c'est d'elle qu'il faut se servir pour comprendre, concevoir et améliorer toutes nos machines thermiques, autrement dit nos moteurs et l'essentiel de nos centrales électriques ; en somme la base de notre société industrielle.

Nous verrons aussi que la façon de définir les températures repères a elle aussi beaucoup évoluée ; mais, de façon surprenante, elle ressemble à ce qu'Isaac Newton avait proposé en concevant il y a trois siècles une échelle presque universelle.

Chapitre 1

L'INVENTION DU THERMOMÈTRE

Qu'est-ce qu'un thermomètre ?

Nous supposons que le lecteur connaît la réponse ; ce n'est donc que par précaution que nous évoquons ici, en quelques lignes, le thermomètre classique. Son âme est un petit réservoir en verre mince et transparent que l'on nomme « bulbe » à cause de sa forme ; on disait autrefois « boule » ou « balle ».

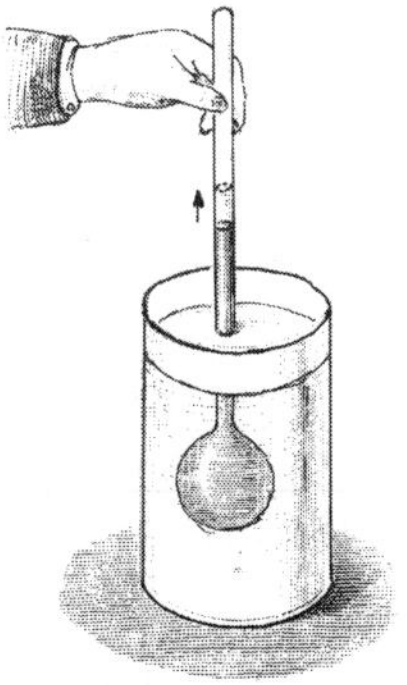

Fig. 1.1

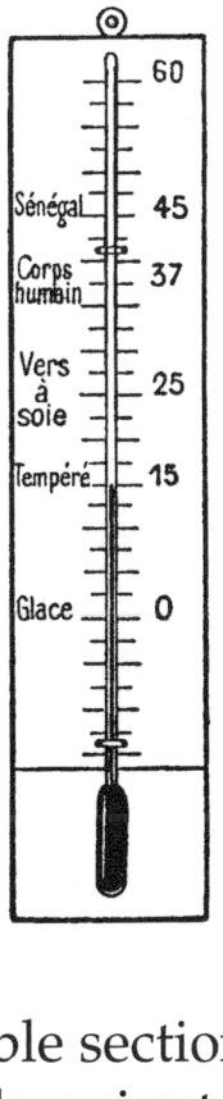

Fig. 1.2

Il se prolonge par un tube en verre de faible section (fig. 1.1). L'ensemble est scellé et contient un liquide qui est de l'alcool coloré ou du mercure. Tout le monde comprend que lorsqu'on chauffe le bulbe, le liquide qu'il contient se dilate et que le niveau monte dans le tube et cela d'autant plus haut que le liquide est plus dilatable et que le tube est étroit. Le long du tube, des graduations permettent de lire les degrés dits centigrades ou Celsius (fig. 1.2). On indique parfois les degrés « Fahrenheit » pour faire plaisir aux Anglo-Saxons.

Les affichages numériques

De nos jours, on rencontre de plus en plus de thermomètres à affichage numérique, « digital » comme disent les Américains. Ainsi présentée, la lecture est devenue directe, indiscutable et apparemment précise. Cependant, elle conduit à un appauvrissement culturel car il n'est plus possible d'observer la dilatation de l'alcool ou du mercure, le thermomètre numérique étant basé sur des phénomènes électriques totalement inconnus du public et qui n'intéressent d'ailleurs personne. Cette réflexion est d'ailleurs valable pour la balance et la montre, bien que cette dernière fasse de la résistance sous la forme du cadran à deux aiguilles.

Alcool ou mercure : quel est le meilleur ?

Dès l'introduction, nous avons signalé ce tic des présentateurs de télévision qui considèrent comme interchangeables des termes comme thermomètre, température et mercure. Pourtant, le lecteur curieux constatera qu'il est de nos jours fort difficile d'acheter à l'état neuf un thermomètre contenant ce métal ; la législation vient même de l'interdire dans les thermomètres médicaux qui étaient sa chasse gardée jusqu'à ces dernières années. Par contre, on peut trouver partout des thermomètre à alcool, bien reconnaissables à l'intense couleur rouge ou bleue de la colonne.

Il est un fait qu'entre 0 °C et 100 °C un volume l'alcool pur se dilate de 12 % tandis que le mercure ne se dilate que de 1,8 %, soit 7 fois moins. Pourtant, au fil du temps, ce dernier a fini par triompher partout, même dans nos têtes, pour des raisons que nous verrons. En observant (fig. 1.3) les températures approximatives de congélation et d'ébullition de l'alcool et du mercure[1], l'on remarque l'énorme avantage du mercure sur l'alcool en ce qui concerne la gamme de chaleur que l'on peut mesurer sans ennuis.

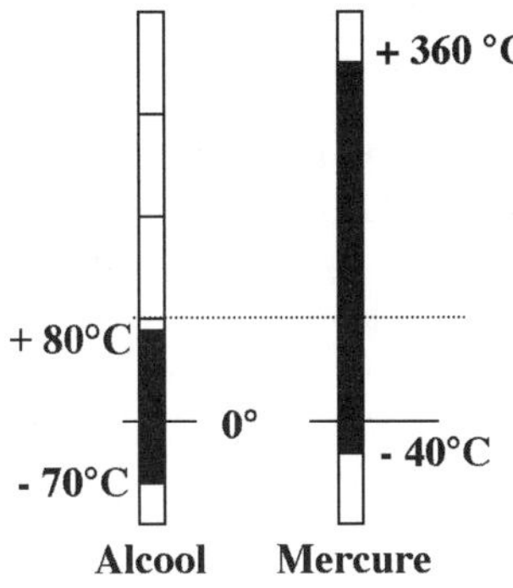

Fig. 1.3

En ce qui concerne les thermomètres destinés à mesurer la température de l'air, ceux que l'on vend habituellement dans le commerce et dont on n'attend pas une précision supérieure à un demi-degré, c'est l'alcool (coloré) qui triomphe sans problème grâce à sa forte dilatation.

L'alcool, pour la même raison, permet d'utiliser, toutes choses égales, un tube de plus grand diamètre intérieur. Il est évident que le seul moyen d'augmenter la sensibilité d'un thermomètre au mercure consiste à rendre ce diamètre très faible, de l'ordre du dixième de millimètre ; le tube est alors qualifié de *capillaire*, puisque fin comme un cheveu.

1. L'alcool ne se congèle pas vraiment, mais devient sirupeux.

Et pourquoi pas un thermomètre à eau ?

Le lecteur répondra immédiatement que ce thermomètre ne peut être utilisé à moins de 0 °C, puisque l'eau gèle à cette température. Il fera peut-être aussi remarquer que cette eau, en gelant, augmente de volume et risque de faire « claquer » le thermomètre, ce que chacun d'entre nous a pu observer dans les tuyaux, robinets et compteurs pendant l'hiver. Il faut donc admettre ce fait remarquable et remarqué que l'eau qui se contracte lorsque la température diminue, comme l'alcool et le mercure, se *dilate* un peu avant de geler.

C'est ce que montrait déjà M. de Mairan en 1715[1] :

> Pour vous convaincre de la réalité de ce phénomène, prenez une bouteille de verre à long col assez étroit ; remplissez-la d'eau médiocrement froide jusque vers le milieu du col ; faites-y une marque vis-à-vis de la surface de l'eau & exposez le tout à la gelée (fig. 1.4). Vous verrez l'eau descendre peu-à-peu au-dessous [...] Bientôt après, la surface de l'eau s'y arrêtera & demeurera stationnaire pendant quelques moments ; après quoi elle remontera peu-à-peu jusqu'à la marque & passera enfin au-delà, plus ou moins par rapport à la descente, selon le degré de froid où elle était au commencement.

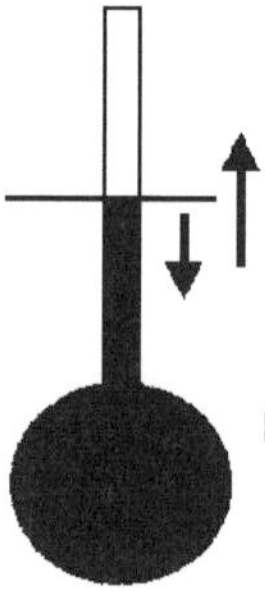

Fig. 1.4

M. de Mairan avait bien raison. De multiples expériences ont montré que l'eau en se refroidissant ne se contracte que jusqu'à + 4 °C[2]. Ce n'est pas tout : de + 4 °C à + 100 °C l'eau se

1. Jean-Jacques Dortous de Mairan (1678-1771), *Dissertation sur la glace*, 1749.

2. Une masse d'eau occupant à cette température un volume minimum, il s'agit également de son maximum de densité, ce qui explique que l'eau au fond des lacs d'eau douce tend à atteindre + 4 °C.

dilate de façon fort irrégulière, au point qu'il ne serait pas possible d'équiper un tel thermomètre d'une échelle portant des divisions également espacées. On comprend qu'un liquide aussi limité et fantaisiste n'ait jamais eu sa place dans aucun thermomètre.

Le premier thermomètre était à air !

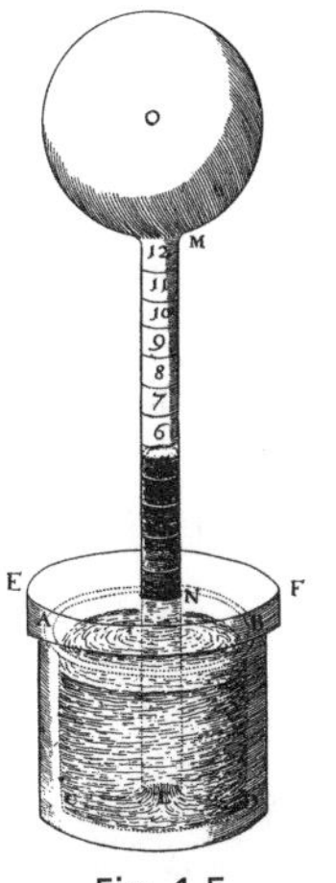

Fig. 1.5

Si l'alcool et le mercure sont en compétition pour emplir les thermomètres, il faut savoir que les premiers qui furent inventés étaient à air. Ce thermomètre, de nos jours *totalement inconnu du grand public*, est pourtant d'une importance capitale si l'on veut comprendre la notion de température absolue, comme nous le verrons.

Le principe en est enfantin, comme on le remarque sur un vieux dessin (fig. 1.5) que nous devons à Robert Fludd[1]. Ce dernier utilisait un vase et un tube prolongé par une boule. Après avoir empli *d'eau* l'ensemble, il le renversait dans le vase. Le liquide se maintenait à une certaine hauteur grâce à la pression atmosphérique agissant à la surface de l'eau du vase.

L'on serait tenté de croire qu'il s'agit d'un baromètre, mais contrairement à ce dernier qui d'ailleurs utilise du mercure, la boule restait remplie d'air. Lorsqu'on la chauffait, ce gaz en se dilatant faisant descendre la colonne de liquide, mouvement qu'on appréciait sur des graduations. Bien entendu, l'effet

1. *Meteorologica Cosmica. Francfort 1626.* Robert Fludd (1574-1637) était un Rose-Croix passionné de médecine, d'astrologie et d'alchimie.

« baromètre » se manifestait en ce sens que l'instrument, étant ouvert, était sensible aux changements de pression atmosphérique, ce qui le condamnait à terme dès lors que l'on désirait mesurer uniquement la température…

Les historiens des sciences, qui savaient que cet instrument existait dans les années 1600-1630, autrement dit un peu avant le thermomètre à alcool, ont utilisé beaucoup d'encre pour lui trouver un véritable inventeur en citant Galilée ou son ami Santorio, l'anglais Robert Fludd, le hollandais Cornelius Drebbel et quelques autres. Cela importe peu, car il n'existe pratiquement pas d'invention à inventeur unique, surtout pour un dispositif aussi simple.

Le thermomètre médical à air

Les premiers thermomètres médicaux furent inventés dans le cercle formé à Venise par un groupe de savants (Paolo Sarpi, Girolamo Fabrici, Santorio, Giambattista Della Porta, Francesco Sagredo) gravitant autour de Galilée, qu'il est inutile de présenter. On attribue souvent l'invention à ce dernier, mais sur la foi de témoignages peu fiables.

Par contre, un membre du petit groupe de Venise nous dit ceci :

> Avec l'aide de cet instrument, que je peux bien nommer *thermoscope* [thermoscopium], l'on peut découvrir beaucoup de choses à propos de la nature de l'air. J'ai entendu dire que son inventeur est un certain docteur en médecine appelé Santorius, qui vit à Padoue[1].

Il n'avait pas tort, car le médecin vénitien Santorio Santorio, dit Santorius (1561-1636), en ce temps professeur à

---

1. Biancani (Blancanus). *Sphaerae mundi, seu cosmographia demonstrativa…* Bologna, 1620.

l'université de Padoue, inventa et utilisa le tout premier un thermomètre à usage médical. Il est surtout connu dans l'histoire de la médecine pour avoir essayé de quantifier tout ce qui concernait le corps humain[1].

Fig. 1.6

Dans une de ses œuvres datée de 1612[2], il présente un croquis assez grossier (fig. 1.6) qui nous montre une boule dont l'air en se dilatant fait descendre le niveau d'un liquide, de l'eau colorée, en l'occurence. Santorio s'explique :

> Nous avons longtemps réfléchi à la manière dont on pourrait, d'une façon ou d'une autre, apprécier la valeur qualitative des maladies. Nous avons, dans ce but, inventé quatre instruments.
>
> Le premier est notre pulsilogium[3]. L'autre est un récipient de verre avec lequel nous mesurons d'heure en heure la température froide ou chaude afin de pouvoir à tout moment établir avec certitude de combien la température s'écarte de celle de l'état normal, mesurée auparavant. Ceci peut se faire de deux manières. Suivant la première, le malade saisit avec la main la partie supérieure du verre ; suivant la seconde, il tient cette partie de verre devant sa bouche, ceci pendant un bref laps de temps ou durant dix coups de pulsilogium. Le lende-

1. Il vécut, raconte-t-on, des années sur un plancher supportant une chaise, sa table de travail et sans doute son lit, ensemble équilibré par une énorme balance lui permettant de peser tout ce qui entrait et sortait de son corps.

2. *Commentaria in artem medicinalem Galeni,* Venise, 1612.

3. Petit pendule inspiré de celui de Galilée et destiné à mesurer les battements du cœur.

main, nous pouvons vérifier si l'eau, dans les mêmes conditions et durant le même laps de temps, s'abaisse de la même quantité.

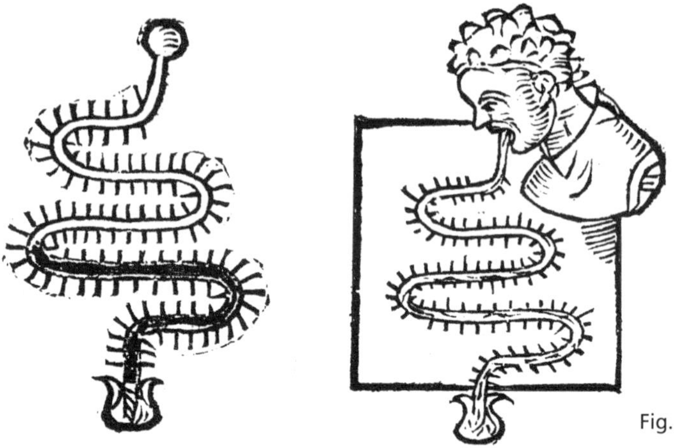

Fig. 1.7

La figure 1.7, extraite d'une œuvre postérieure[1], montre que Santorio finit par adopter une de nos méthodes actuelles en demandant au patient de mettre la boule en bouche.

Cependant, cette boule-ci contient de l'air tandis que le thermomètre actuel contient, ou plutôt contenait, du mercure.

Le thermomètre à alcool

Nous devons le premier des thermomètres à liquide à un Médicis, le grand duc de Toscane Ferdinando II (1610-1670)[2], aidé de quelques conseillers et surtout de souffleurs de verre de premier plan. Contrairement aux membres les plus célèbres de sa famille, Ferdinando était peu attiré par la

1. *Commentaria [...] libri canonis Avicenna*, 1625.

2. On attribue parfois l'invention de ce thermomètre à Galilée, mais on ne prête qu'aux riches.

politique. Bricoleur depuis son plus jeune âge, la chose qui l'intéressait le plus et qui lui donna le plus de satisfaction était la science. Élève de Galilée, puis de ses disciples Torricelli et Viviani, il fut un protecteur efficace pour l'*Accademia del Cimento* (Académie des expériences), créée en 1657, première société scientifique visant la recherche expérimentale. Sa devise était *Provando e riprovando* (essayer et réessayer), une vraie révolution dans les mentalités !

C'est 10 ans plus tard, en 1667, que fut publié à Florence l'ensemble des recherches de ses membres[1]. Nous avons reproduit (figures 1.8 et 1.9) des extraits de la plus célèbre des vingt planches de cet ouvrage. Ces thermomètres étaient tous fermés et à alcool coloré. D'après leurs notes, publiées seulement en 1841, les académiciens auraient essayé le mercure comme liquide. Ils avaient reconnu qu'il se dilatait plus vite que l'alcool, mais nettement moins[2].

Il est remarquable de constater que le premier thermomètre à alcool[3], fabriqué semble-t-il sur l'ordre du grand-duc, porte cent graduations vraiment utiles ; il serait cependant excessif de le nommer « centigrade » car il ne porte pas de points de repère 0 ou 100.

Voyons sa fabrication, telle qu'elle nous est rapportée par le secrétaire de l'Accademia. Ce dernier commence par nous expliquer le travail du souffleur de verre :

> Ce sera sa tâche de former le bulbe [palla] de l'instrument d'une grandeur et d'une capacité telle et d'y attacher un tube [cannello]

1. *Staggi di naturali esperienze fatte nell' Accademia del cimento, 1667.* Les thermomètres sont traités dans le chapitre : *Dichiarazione d'alcuni strumenti per conoscer l'alterazioni dell'aria derivanti dal caldo e dal freddo.*

2. ... *lo che essi espressero dicendo che é meno distraibile, cioé capace di minor dilatazione.*

3. L'auteur dit : « [...] e dicesi comunemente *Termometro* ».

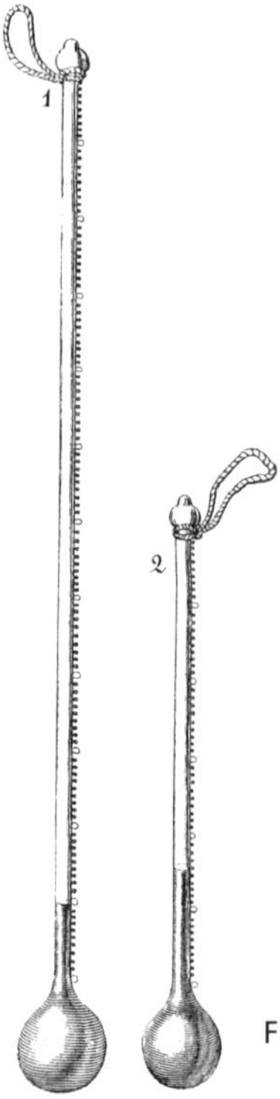

Fig. 1.8

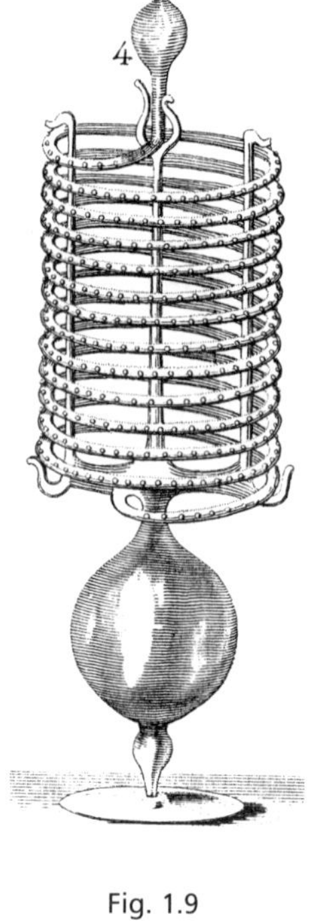

Fig. 1.9

> d'un diamètre intérieur tel que, rempli d'esprit-de-vin [acquarzente] jusqu'à une certaine marque sur son col, le froid de la neige et de la glace ne suffit pas à le faire descendre à plus de 20 degrés [gradi] dans le tube pendant que d'autre part la plus forte activité des rayons du soleil, même au milieu de l'été, n'a pas le pouvoir de le dilater au-delà de 80 degrés.

Il explique ensuite comment remplir le tube d'alcool ce qui n'est pas trop aisé, puis il insiste sur les graduations :

> Il faut faire attention de marquer les degrés avec exactitude sur le tube et pour cela il doit être divisé précautionneusement à l'aide d'une paire de compas en 10 parties égales, marquant les divisions à l'aide de petits boutons d'émail blanc. Ensuite, les

> autres degrés sont marqués à l'aide de petits boutons de verre ou d'émail noir... Lorsque ceci est fait et que la quantité d'esprit de vin est ajustée par l'expérience dans le soleil et dans la glace, l'extrémité du tube est fermée à l'aide du scellement habituellement nommé Hermétique [Ermete], c'est-à-dire à la flamme, et le thermomètre est fini.

De ce thermomètre, on construisit surtout des modèles plus petits à 50 graduations. Ce sont ces derniers que l'on nomma plus tard « thermomètres de Florence » ; ils circulaient déjà en Italie parmi les spécialistes dès 1654 ce qui montre que *l'invention du thermomètre scellé et à alcool fut faite aux environs de 1650.* On peut encore en admirer certains exemplaires dans les musées de Florence et de Rome.

Il faut surtout s'extasier ici sur l'extraordinaire savoir faire du souffleur de verre-émailleur du grand duc, un certain Mariani. Pour s'en rendre compte, il suffit d'admirer son thermomètre hélicoïdal (fig. 1.9) dont un exemplaire, par miracle, se trouve toujours à Florence[1]. Le physicien hollandais Christiaan Huygens en parlait d'ailleurs en ces termes :

> Monsieur de Noyers, le Secrétaire de la Reine de Pologne, qui m'a donné autrefois un de ces petits thermomètres, me dit que à Florence il en avait vu qui étaient entortillés en spirale, ce qui sert pour avoir de grandes divisions dans un petit volume et rendre les thermomètres portatifs[2].

Les thermomètres « de Florence » à 100 et surtout 50 graduations, furent construits jusqu'à la veille de la Révolution française, comme en témoigne un spécialiste de l'époque (fig. 1.10) :

---

1. Museo di Storia della Scienza. Firenze. Une salle est consacrée à Ferdinando II.
2. Lettre de C. Hyghens à R. Moray, secrétaire de la *Royal Society of London*, janvier 1665.

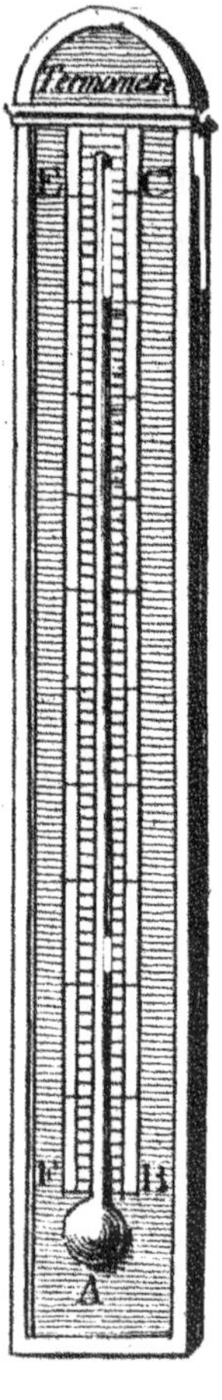

Fig. 1.10

Il paraît donc que le thermomètre de Florence, *quoiqu'il soit fort en usage*, ne donne rien moins qu'une mesure exacte du froid & du chaud.[...] Sur quelques petits morceaux de turmeric, qui est une sorte de racine dont on se sert pour guérir la jaunisse[1], on verse une certaine quantité d'esprit de vin rectifié pour lui donner une teinture rouge ; ensuite on filtre plusieurs fois l'esprit de vin par un papier gris afin que les particules grossières de la racine se séparent de la liqueur. De cet esprit de vin ainsi teint et préparé, on remplit une boule de verre AB et un tuyau BC. Et, afin que tout l'esprit de vin ne descende point dans la boule pendant l'hiver, il est à propos de mettre cette boule dans un petit tas de neige mêlée de sel ou, si cet instrument se fait pendant l'été, on met la boule dans de l'eau de source imprégnée de salpètre afin que l'esprit de vin étant extrèmement condensé[2] on puisse voir à quel point il s'abaissera au plus fort de la gelée... Afin que le tuyau ne soit pas excessivement long, il est à propos de mettre la boule remplie de son esprit de vin dans de l'eau bouillante & de marquer le point le plus éloigné où monte pour lors l'esprit de vin. C'est à ce point que le tuyau doit être fermé hermétiquement par la flamme d'une lampe, et des deux côtés du tuyau on applique une échelle, comme aux autres thermomètres.

1. Sans doute du *curcuma*.

2. Autrefois on disait *condensé* et *raréfié* quand nous disons *contracté* et *dilaté*.

Des ballons dans le thermomètre de Galilée ?

Chacun de nous peut observer dans les vitrines et, pourquoi pas acheter pour 15 à 100 euros selon sa dimension, un thermomètre fort décoratif constitué d'un large tube en verre rempli d'eau et hermétiquement fermé dans lequel flottent

Fig. 1.11

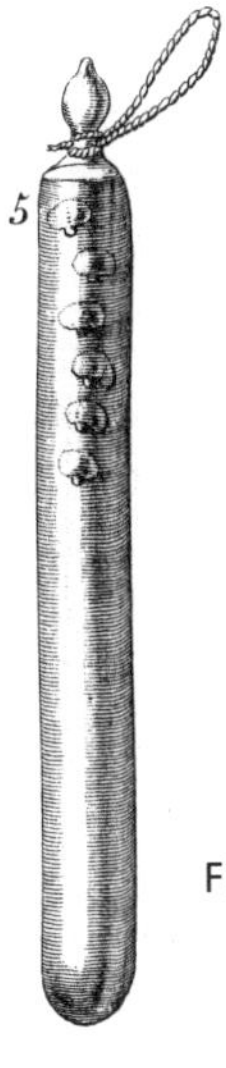

Fig. 1.12

quelques bulles de verre contenant un liquide coloré (fig. 1.11). À chaque bulle est suspendu un médaillon indiquant une température ; ces bulles font irrésistiblement penser à des ballons et à leur nacelle. Le marchand nous vend l'ensemble sous l'appellation de « thermomètre de Galilée ». Contrairement à ce que disent les fabriquants, absolument rien ne permet d'en attribuer l'invention à Galilée.

On peut trouver des modèles de ce thermomètre à 5, 6 ou 7 boules dans une gamme s'étendant de 18 à 26 °C, températures classiques dans une pièce d'habitation. Il s'agit bel et bien d'un des plus anciens thermomètres qui soient, mais qui réapparaît depuis quelques années par un effet de mode ou de marketing.

On peut le reconnaître aisément parmi les dessins de 1667 que nous ont laissé les honorables membres de l'Accademia dell Cimento. (fig. 1.12) Cette invention peut donc être attribuée à l'équipe du grand duc de Toscane ; il peut aussi s'agir d'une suggestion de son fameux souffleur de verre. Du fait du grand volume de liquide contenu dans le tube et devant s'équilibrer avec la température de l'air, leurs inventeurs le nommait *termometri infingardi* (lent à répondre).

Cependant, à la même époque, le principe de ce thermomètre était déjà connu dans l'Europe du Nord, comme nous l'indique Christiaan Huygens dans une lettre :

> À propos de cela, je dirai que Monsieur Sluze de Lieges m'a envoyé sa manière nouvelle de thermomètre qui est un tuyau environ de trois pieds et large d'un pouce, plein d'eau salée, dans laquelle nage une petite balle de cire mêlée avec quelque chose de plus pesant, afin de faire qu'elle se soutiennent vers le milieu du tuyau. Cette balle, suivant le différent degré de chaleur, monte et descend, quoique non pas soudainement comme l'eau dans le thermomètre vulgaire ; mais aussi il n'est pas sujet à la diverse pression de l'air qui altère les autres sans changement de chaleur. J'en ai fait l'expérience, et vous voyez qu'elle est fort aisée[1].

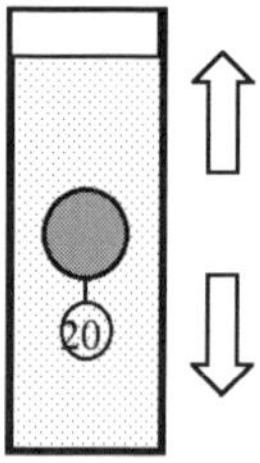

Fig. 1.13

Essayons de comprendre pourquoi les bulles de verre montent et descendent (fig. 1.13). Notre thermomètre « de Galilée » n'est en fait qu'une application élémentaire du principe d'Archimède. Ce dernier, convié à contempler nos bulles, nous dirait en grec que chacune d'elles, comme

1. Lettre à R. Moray, 31 octobre 1664.

n'importe quel ballon libre, reçoit un poussée vers le haut égale au poids du liquide qu'elle déplace.

Voyons donc ce qui se passe en imaginant le thermomètre à une seule bulle dont parlait Huygens. Il est possible d'ajuster le poids de cette bulle pour qu'elle flotte tout juste au milieu du tube. Si la température de l'eau augmente, cette dernière se dilate mais il est impossible de s'en apercevoir à cause du grand diamètre du tube. Cependant, le volume occupé par chaque gramme d'eau augmentant, le nombre de grammes contenus dans chaque centimètre cube diminue. L'équilibre est rompu car, si Archimède a dit vrai, le poids de l'eau déplacée par la bulle et, donc la poussée vers le haut, est réduit. *La bulle descend vers le fond lorsque la température augmente.*

Observons le thermomètre à 6 bulles que l'on voit sur la figure 1.11. Leur poids est ajusté de telle sorte qu'il n'y ait que 2 ou 3 milligrammes d'écart entre elles. La bulle étiquetée 22 n'est pas loin de descendre si la température augmente un peu et celle étiquetée 21 est prète à monter si elle diminue. La température est donc si l'on veut de 21,5 °C, mais il ne faut pas trop s'attendre à une telle précision. Parfois toutes les boules sont superposée ; il faut alors ne tenir compte que de celle qui est prête à se détacher des autres. La ressemblance de ces bulles avec de petits montgolfières n'est pas fortuite car, dans ce type de véhicule, il faut augmenter la température de l'air chaud pour monter, ce qui équivaut à un refroidissement de l'air extérieur.

En 1707, Dalencé nous décrivait déjà le même thermomètre.

> Ce cylindre est scellé hermétiquement [...] après avoir été presque rempli d'eau de vie, dans laquelle nagent dix ou douze petites boules soufflées d'émail de couleur & pleines seulement

> d'air. [...] Pendant un grand froid, toutes ces petites boules d'émail sont en haut de ces thermomètres & elles en descendent en proportion que le chaud augmente, en sorte que pendant une très grande chaleur, toutes les boules sont en bas.

Avant de quitter ce thermomètre, Dalencé nous signale que l'on essaya autrefois d'en faire un thermomètre médical (fig. 1.14) :

> Ayant trouvé cette sorte de thermomètre, on a cru qu'on pourrait composer une machine par laquelle on pourrait connaître l'augmentation ou la diminution de la fièvre. On a pour cela fait une de ces machines en figure de petite tortue pour la pouvoir facilement appliquer & lier sur le bras. Lorsqu'on l'a appliquée au milieu d'un accès de fièvre, on remarque combien, pendant un certain espace de temps, par exemple pendant 7 ou 8 minutes, la chaleur que le bras lui communique fait tomber de ces petites boules. On fait la même chose en un autre accès & comparant ces deux observations, on conclut que l'accès auquel il est tombé en bas plus de boules est plus fort & plus violent que l'autre.

Fig. 1.14

Chapitre 2

COMMENT GRADUER UN THERMOMÈTRE ?

> Il serait bon de songer à une mesure universelle et déterminée du froid et du chaud en faisant premièrement que la capacité de la boule eût une certaine proportion à celle du tuyau et puis, prenant pour commencement le degré de froid par lequel l'eau commence à geler ou bien le degré de chaud de l'eau bouillante, afin que sans envoyer de thermomètres l'on peut se communiquer les degrés du chaud et du froid qu'on aurait trouvé dans les expériences et les consigner à la postérité.
>
> Christiaan Huygens[1]

C'est en 1665 que le grand savant hollandais proposa ce fort beau programme, mais, trop occupé par d'autres recherches, il laissa à d'autres le soin de le réaliser. Connaissant ses qualités intellectuelles, l'on peut penser que l'on aurait gagné beaucoup de temps s'il s'en était mêlé.

Ceci dit, ouvrons n'importe quel dictionnaire ou encyclopédie à l'article « Thermomètre ». Pour nous expliquer la façon de graduer ces derniers, on nous raconte à peu près la fable suivante, quoique de façon apparemment plus sérieuse :

> Il était une fois un sorcier allemand nommé Fahrenheit qui, plongeant son thermomètre dans un mélange réfrigérant très froid de sa composition, décida que ce serait le degré zéro de son

1. Lettre à R. Moray, secrétaire de la *Royal Society of London*, 2 janvier 1665.

> échelle. Répétant son expérience dans la glace fondante, il notait 32, puis 212 degrés pour l'eau bouillante. Un peu plus tard, un sorcier français, nommé Réaumur, sans doute par esprit de contradiction, fit bouillir l'eau à 80 degrés. Enfin apparut le sauveur, l'enchanteur suédois Celsius, qui décida enfin que la glace fondait à 0 degré et que l'eau bouillait à 100 degrés.

Ceci est à peine exagéré, car on reste souvent sur l'idée que Fahrenheit était un doux farfelu dont la graduation ridicule a séduit les Anglo-Saxons, qui comme chacun sait ne font rien comme les autres ; que Réaumur était au mieux un original et que c'est Celsius qui réussit à nettoyer cette écurie, ce qui lui a valu de laisser son nom à notre thermomètre, autrefois nommé centigrade, mot en principe proscrit.

Malheureusement, *il n'y a pas un mot de vrai dans cette façon de présenter les choses*, à part les chiffres. Pour comprendre pourquoi, il va nous falloir suivre pas à pas et avec patience le déroulement d'une véritable saga. Si nous avons voulu retracer avec un certain luxe de détails l'origine des graduations, c'est surtout parce qu'elle nous fait pénétrer par la petite porte au cœur de la science réelle. Bonne occasion de tourner le dos à quelques préjugés en observant des chercheurs remarquables d'autrefois dans leurs démarches hésitantes. La vérité de notre ami le thermomètre est sans doute à ce prix.

En quête de températures constantes

Pour le bricoleur : graduer soi-même son thermomètre !

Pour impliquer le lecteur, nous lui proposons de se mettre dans la peau d'un curieux du XVIIe siècle et de graduer lui-même, à titre d'exercice, son thermomètre de Florence, celui qui pend sans doute dans son salon, et cela en suivant une recette du sieur Dalancé. Ce dernier nous explique comment graduer un thermomètre en se servant de deux substances qui, selon lui, fondent toujours à la même température (fig. 2.1).

> Le thermomètre étant fait comme il est ci-devant décrit & étant mis sur sa planche & dans sa bordure, on le doit placer dans l'endroit où il doit toujours demeurer. Il faut ensuite soigneusement observer en hiver *quand l'eau commence à geler* & marquer alors sur la planche l'endroit où répond la superficie de la liqueur rouge. Mettez en été un peu de beurre sur la boule de ce même thermomètre & *observez quand ce beurre fondra* ; vous ferez alors une seconde marque sur votre planche à l'endroit où finira la liqueur. Divisez en deux parties égales l'espace qui est entre ces deux points

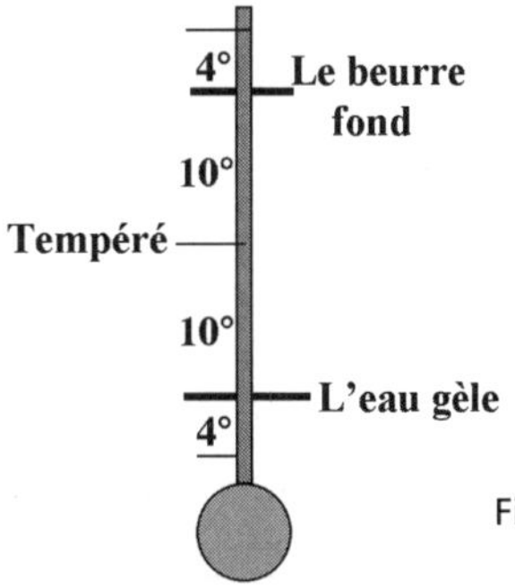

Fig. 2.1

> & l'endroit de la division, sera la marque du *tempéré*, qui ne sera ni chaud ni froid. Divisez chacun de ces espaces en dix degrés égaux. Marquez encore quatre de ces degrés au-dessus du point où le beurre fond & quatre autres au dessous de celui où l'eau gèle [...].

En utilisant cette méthode datant de plus de trois siècles, le thermomètre du lecteur ne sera certes pas des plus précis, mais couvrira aisément la gamme de températures que l'on rencontre communément. Utiliser de préférence du beurre de ferme non salé sortant du réfrigérateur.

Le sieur Dalencé, sans doute pour être complet, nous propose aussi d'utiliser deux autres points de repère nettement plus froids :

> Il faut mettre ce thermomètre dans *de la glace, à laquelle vous aurez ajoûté du sel commun* et ce sera *le plus grand froid* qu'il peut faire. Après que vous aurez laissé ce thermomètre dans cette glace assez de temps pour qu'il en ait reçu l'impression, marquez alors l'endroit où sera la liqueur dans le cou. Mettez ensuite ce même thermomètre dans une cave très-profonde & qui ne recevra aucune impression de l'air de dehors. Lors que ce thermomètre aura pris la température de l'air de cette cave, faites encore une marque à l'endroit où sera la liqueur dans le cou.

On remarque qu'en suivant ces recommandations, nous disposons de *quatre* températures repères : le mélange réfrigérant glace/sel (disons – 15 °C), l'eau qui gèle (0 °C), une cave profonde (peut-être + 12 °C) et le beurre qui fond (vers 30 °C ?). Cela suffisait largement pour mesurer la température qui régnait habituellement à l'époque en Europe du Nord. Notre conseiller en thermomètres oublie malheureusement un repère fort intéressant que nous utilisons toujours, la température du corps humain. On remarquera qu'il n'est pas encore question de l'eau bouillante que proposait Huygens, mais nous verrons pourquoi.

Chacun peut comprendre qu'en choisissant *deux* corps dont la températures est réputée constante, il est aisé de graver une échelle en divisant régulièrement l'espace qui les sépare en un nombre rond de « degrés » ; encore faut-il s'entendre sur ce qu'est un nombre « rond » et espérer que le diamètre intérieur du tube soit bien constant. Ce fut l'approche de Newton, de Fahrenheit et de Celsius.

Mais examinons de plus près les repères que Dalencé nous propose, à savoir : *l'eau qui gèle, les caves profondes* et *les mélanges réfrigérants*. Comme il fut le seul de tous nos spécialistes à utiliser le beurre qui fond en été, oublions ce dernier.

La glace fond, l'eau gèle

Demandons au sieur Brisson, physicien attitré de Louis XVI, de nous décrire son procédé (fig. 2.2) :

> [...] Il ne s'agit que de plonger le thermomètre, après l'avoir rempli de la quantité de liqueur convenable & scellé hermétiquement, il ne s'agit, dis-je que de le plonger dans la glace pilée ou de la neige, dans un lieu où il ne gèle pas & attendre le moment où cette glace ou neige est au quart ou au tiers fondue : le point où il se fixe alors est celui du terme de la congélation de l'eau & ce terme est invariable, c'est-à-dire qu'il se trouvera toujours le même dans des circonstances semblables.

Pourtant, Gabriel Fahrenheit, dont nous aurons largement l'occasion de parler, découvrit fortuitement qu'il est possible d'abaisser la température de l'eau à une valeur bien inférieure à 0 °C sans qu'elle se prenne en glace. Le physicien Blagden reprit plus tard son expérience et la confirma.

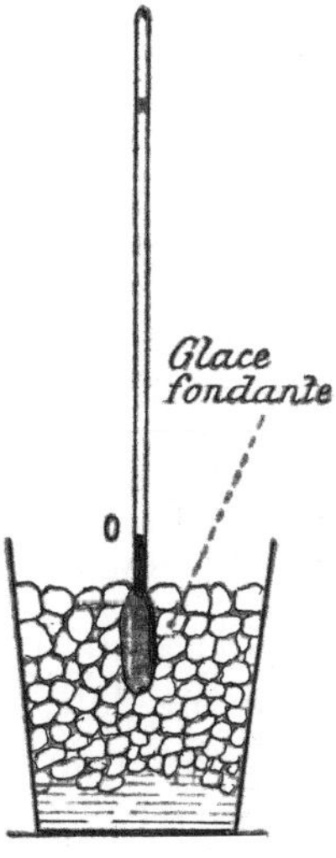

Fig. 2.2

> Dans une fiole à long col bien nettoyée, il mettait de l'eau distillée soigneusement purgée d'air, et il plongeait le vase dans un mélange réfrigérant formé de sel et de neige. Il évitait toute agitation extérieure et, à l'aide d'un thermomètre placé dans la fiole, il suivait l'abaissement de la température de l'eau. Il la voyait d'abord arriver à zéro ; à ce moment elle aurait dû commencer à se solidifier ; mais elle ne le faisait point. Sa température continuait à

> baisser et arrivait jusqu'à 6 degrés en dessous de zéro sans aucun changement apparent. Venait-on à donner à la fiole une brusque agitation ou à jeter dans son intérieur une parcelle de glace déjà formée, un mouvement soudain se produisait et des cristaux de glace remplissaient tout à coup l'appareil. Dans cette expérience, il y avait un retard de solidification, une persistance anormale de l'état liquide : c'était un phénomène inexpliqué [...]. On donna un nom à cette singulière exception, on l'appela *surfusion*[1].

On comprend clairement pourquoi la plupart des expérimentateurs ont préféré étalonner un thermomètre dans de la glace qui fond plutôt que dans de l'eau qui gèle car ils n'étaient pas trop convaincus que la température de la glace fondante était parfaitement stable ; en son temps, Celsius se donna même beaucoup de mal pour prouver qu'elle ne dépendait pas de la latitude. Ces incertitudes expliquent pourquoi des expérimentateurs de talent se sont parfois tourné vers un endroit dont la température est naturellement assez basse, à savoir les caves *profondes* dont parlait le sieur Dalencé.

Les caves de l'Observatoire de Paris

Il est un fait que les anciennes carrières, grottes ou caves bien isolées s'éloignent fort peu de la température *moyenne* du lieu où elles se trouvent. Dans nos pays, cela représente en général de 10 à 15 °C. L'on croyait couramment autrefois que les caves étaient plus froides en été qu'en hiver ; c'est justement grâce à l'usage du thermomètre que ce préjugé a disparu bien qu'il ne soit pas certain que de nos jours tout le monde en soit convaincu. En tout cas, de nombreuses recherches concernant la température de la terre ont montré

---

1. M. Jamin. *Quelques phénomènes atmosphériques. Le verglas du 23 janvier 1879*, Paris, 1880.

que les fluctuations journalières de température ne se manifestent autant dire jamais à plus de 1 mètre de profondeur. Sous nos climats, il faut des froids très intenses pour que la gelée daigne dépasser les 50 centimètres.

Sous Louis XIV, l'architecte Perrault, l'auteur de la colonnade du Louvre, construisit l'Observatoire de Paris, monument classique impressionnant mais peu pratique pour les astronomes, qui se sont toujours plaint de sa disposition. Ce qui nous intéresse ici, c'est que ce bâtiment possède des caves atteignant en dessous du rez-de-chaussée *vingt-huit mètres* de profondeur et qui furent à un certain moment le lieu de recueillement des savants français. Le physicien Lavoisier et l'astronome Cassini y installèrent en 1783 un thermomètre à mercure qui marqua d'une manière permanente 11,76 °C ! Cependant, en 1817, l'astronome François Arago, muni d'un thermomètre à air, y releva une température de 11,71 °C. Des observations faites en diverses saisons en 1865, 1866 et 1867 et en utilisant cette fois des thermomètres étalons donnèrent des résultats variant entre 11,68 °C et 11,76 °C, soit en moyenne 11,74 °C.

À notre époque, il peut sembler absurde d'utiliser ces caves pour étalonner ou vérifier les thermomètres, mais la stabilité remarquable de leur température est indiscutable. Comme nous le verrons plus loin, elles furent même choisies comme degré zéro par Messieurs Du Crest et Delisle lorsqu'ils proposèrent leurs thermomètres « centigrades ». Du Crest pensait, à tort, que la température de la terre et de ses cavités était une sorte de constante universelle. À notre époque il est bien connu qu'elle augmente avec la profondeur, de l'ordre de 1 °C par 30 mètres dans nos régions. Cela est confirmé par le fait que la température *moyenne* à Paris aux environs de l'observatoire était de 10,8 °C… au milieu du XIXe siècle.

Malheureusement, il fallait habiter Paris pour se servir de ces caves remarquables mais difficilement transportables, sans compter les 480 marches qu'il fallait monter et descendre et la difficulté d'observer les graduations dans l'obscurité à la lueur d'une chandelle sans influencer les thermomètres.

Les mélanges réfrigérants

Pour étalonner notre thermomètre aux températures plus basses que celle de la glace fondante, le sieur Dalencé nous recommande un mélange de glace et de sel. C'est bien entendu ce sel que l'on répand sur nos routes et trottoirs en hiver pour faire fondre la neige ou éviter le verglas. Il est un fait connu depuis bien longtemps que lorsqu'on mélange de la glace (ou de la neige) et du sel, l'on provoque une réaction complexe qui absorbe une grande quantité de chaleur. Comme c'est le mélange lui-même qui fournit cette chaleur, il ne peut que se refroidir fortement pendant que le sel se dissout dans l'eau, qui reste, elle, à l'état liquide. En utilisant 300 grammes de sel par kilo de neige, l'on peut ainsi descendre jusqu'à – 20 °C environ[1]. Le mélange de glace pilée et de sel était souvent utilisé autrefois pour faire des sorbets dans ce que l'on nommait la « glacière des familles ». On prétend généralement que Gabriel Fahrenheit utilisa un mélange de ce genre pour trouver le zéro de son thermomètre, mais la chose est plus que douteuse, comme nous le verrons plus loin.

1. Il est possible de descendre à – 50 °C et donc de congeler le mercure à l'aide d'un mélange de 3 parties de glace pilée et 4 parties de chlorure de calcium.

L'eau bout à une température constante, enfin presque

> Le bouillonnement des liqueurs et surtout celui de l'eau que l'on fait chauffer, est un phénomène que l'on est tellement accoutumé à voir, qu'il faut être un peu Philosophe, pour oser croire qu'il mérite la peine qu'on s'y arrête.
>
> Abbé Nollet

Comme la fusion de la glace, l'ébullition de l'eau est un changement d'état qui absorbe de la chaleur pour réorganiser sa structure moléculaire et cela à *température constante.* C'est ce qu'avait déjà constaté en 1702 un certain Amonton, dont nous reparlerons :

> L'eau commune bouillante ne peut acquérir un plus grand degré de chaleur, quelque long temps qu'elle soit sur le feu, et quelque grand que soit ce feu.

Cette constance de la température d'ébullition fut en réalité découverte par de nombreux physiciens, comme l'expliquait autrefois Van Swinden, physicien « batave » grand spécialiste de la question[1] :

> C'est ce qui a été trouvé dès 1693 par Halley et, si je ne me trompe, déjà auparavant par Boyle. Ce fait a été confirmé ensuite en 1701 par Newton & en 1702 par Amonton auquel on en attribue ordinairement la découverte. Fahrenheit a fait en 1723 des expériences qui prouvent la même chose pour d'autres liqueurs bouillantes & MM. Musschenbroek et Braun les ont poussé plus loin. Mais l'eau bouillante parvient à un plus grand degré de chaleur quand la pression de l'atmosphère augmente & en atteint un moindre quand elle diminue. M. De Luc a fait un grand nombre d'admirables expériences sur ce sujet & il a porté cette matière à un haut degré de perfection.

---

1. J. H. Van Swinden, *Dissertation sur la comparaison des thermomètres*, Leiden, 1792.

L'eau bout-elle vraiment à 100 °C ?

Nous savons donc que la température d'ébullition *augmente avec la pression atmosphérique*. Contrairement à la croyance populaire, l'eau ne bout donc que très rarement à 100 °C. Pour s'affranchir d'un préjugé, il faut certes le vouloir, mais aussi en avoir l'occasion. À cet égard, il faut bien reconnaître que cette idée si répandue a tendance à se maintenir car nous vivons en général près du niveau de la mer. Et pourtant, les 20 millions de personnes habitant à Mexico (2 200 m), ne voient l'eau bouillir qu'à 90 °C ! La difficulté de cuire des œufs durs ou de préparer du café ne leur apparaît peut être pas, car cela fait partie de leur vie quotidienne.

Le tableau ci-après montre fort bien l'énorme influence de la pression sur la température d'ébullition. Cette dernière est évidemment de 100 °C pour la pression de 1 atmosphère (760 mm de mercure), mais l'on remarque que de l'eau glacée bout parfaitement sous une pression de 5 mm de mercure et que l'on peut atteindre 200 °C sous 15 atmosphères.

Température (en °C)	**Pression d'ébullition (mm de mercure, atmosphères)**	
0	5	
10	9	
30	30	
50	90	
60	145	
70	230	
80	350	
90	525	
100	760	1
150		5
200		15

Ajoutons que, pour mesurer avec précision la température d'ébullition de l'eau, il ne faut surtout pas, contrairement à ce que l'on a laissé entendre jusqu'à présent, plonger le bulbe du thermomètre dans le liquide bouillant, mais le maintenir sagement dans les vapeurs naissantes ou en train de se condenser. C'est dire que la bouilloire en question est relativement sophistiquée si l'on espère une certaine précision (fig. 2.3).

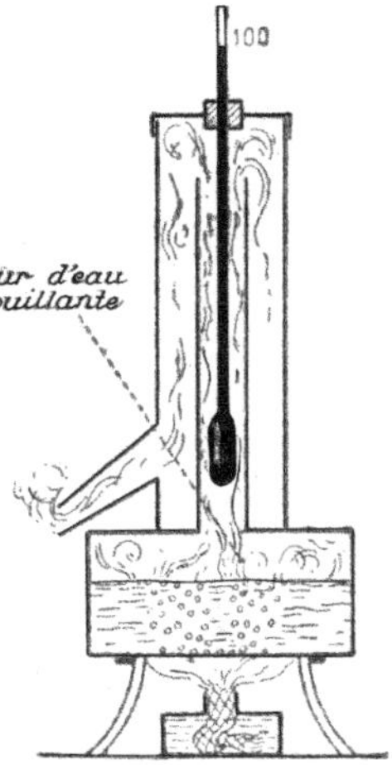

Fig. 2.3

Jean André Deluc (1727-1817), que citait Van Swinden, un physicien et citoyen de Genève, se mit en tête de gravir les plus hautes montagnes des Alpes transportant sur son dos des baromètres et des thermomètres. Il nous a laissé le récit détaillé de ses courses en montagne en compagnie de son frère. Les extraits ci-dessous donnent la mesure de sa persévérance et de son œuvre de pionnier :

> J'avais construit, avec beaucoup de soin & de travail, un thermomètre dont je pouvais attendre la plus grande exactitude & au mois d'août de l'année 1765, je partis avec mon frère pour aller

> observer la chaleur de l'eau bouillante sur une montagne qui domine l'Abbaye de Sixt en Faussigny[1]. On voit, de Genève, cette montagne qui en est distante de 11 lieues ; la glace qui couvre son sommet durant toute l'année, indiquant sa grande hauteur, nous l'avait fait choisir pour nos expériences. Nous montâmes depuis l'abbaye, pendant six heures & en grande partie par des chemins si raides, qu'ils ne sont fréquentés que par des chamois. Mais avant d'atteindre la plus haute sommité, qui surpasse le Canigou où M. le Monnier a fait la même expérience, le thermomètre se rompit. Il ne fallait pas moins que la magnificence du spectacle & la pureté de l'air pour nous faire supporter patiemment une telle catastrophe.

À leur essai suivant, les choses tournent encore plus mal, car ils n'arrivent qu'avec beaucoup de difficultés à faire chauffer de l'eau :

> J'étais couché sur le rocher auprès du réchaud où j'entretenais le feu en le soufflant, lorsque notre chasseur[2], las de sa course, après s'être émerveillé un moment que ce que nous grimpions les rochers pour y faire bouillir de l'eau, ce qui lui paraissait bien ridicule, se jeta lourdement à terre et s'assis sur un de mes pieds qui, malheureusement portait à faux sur des rocailles. Au cri que je fis, il se releva ; mais le mal était fait, il m'avait foulé le pied.

Le retour fut, on s'en doute, plutôt pénible. Ce n'est que fin septembre qu'ils parvinrent au sommet du Buet, apparemment complètement couvert de glace à cette époque et balayé par un vent glacial. Ils réussirent enfin à mesurer la température de l'eau bouillante. Nous conseillons aux lecteurs randonneurs de mettre leurs pas dans les leurs en se rendant au sommet du Buet. Ne pas oublier un thermomètre à mercure allant jusqu'à 100 °C et le réchaud (à gaz) pour faire bouillir l'eau (Deluc portait du charbon sur son dos).

1. Il s'agit du Buet (3 094 m) et de son glacier.

2. Un chasseur de chamois, leur guide à une époque où la profession n'existait pas.

Chapitre 3

LES THERMOMÈTRES DE HOOKE ET DE NEWTON

Maintenant que nous connaissons quelques points fixes permettant d'étalonner les thermomètres, il nous est possible de suivre par le détail la lente élaboration de leur échelle qui se fit au début en Angleterre.

Fondée en 1660, la *Royal Society of London*, regroupait en ce temps là d'éminents savants britanniques et leurs correspondants étrangers. Elle avait à vrai dire beaucoup de peine à nouer les deux bouts car, contrairement à l'Académie de Sciences de Paris, fondée par Colbert quelques années plus tard, elle ne vivait que des cotisations de ses membres qui payaient d'ailleurs fort irrégulièrement.

Parmi les chercheurs de la *Royal Society* qui ne payaient jamais leur cotisation, il faut noter Robert Hooke et Isaac Newton, qui s'intéressèrent tout deux au thermomètre mais furent célèbres pour de tout autres travaux. Leur approche de cet instrument fut remarquablement scientifique pour l'époque, quoique totalement différente. Hooke partait de l'idée que tout thermomètre est basé sur la dilatation d'un fluide. Il décida donc que les graduations du tube de son thermomètre seraient des fraction égales de la quantité totale du liquide présent dans l'instrument. Nous verrons que, bien plus tard, Messieurs Delisle, Réaumur et Christin pensèrent de même. Newton suivit une tout autre démarche que nous examinerons en détail et qui correspond curieusement aux idées permettant d'établir notre thermomètre de l'an 2000.

Le thermomètre « à degrés de dilatation » de Robert Hooke

Depuis la fondation de la *Royal Society of London*, les membres (fellows) de cette société s'intéressaient aux thermomètres, mais leur approche était plutôt rudimentaire. Se contentant de les mettre dans une cave profonde, ils notaient en 1663 :

> Pour l'ajustement de ces thermomètres, on pense qu'il est suffisant de savoir à quelle marque ils se trouvent dans la cave. Pour faire des observations, il faudrait prendre note de combien ils diffèrent de cette marque.

Cependant, l'année suivante, Robert Hooke[1] réussit enfin à graduer ces thermomètres de façon convenable. Le secrétaire de la *Royal Society*, Robert Moray, en envoya une description succinte à Christiaan Huygens, autre membre de la société, qui vivait à Paris.

> Je trouve que j'ai à vous faire la description du thermomètre de Monsieur Hook. Je vous la ferai donc en bref. Il prend un tuyau de verre de la longueur de deux pieds[2] ou d'avantage (il en a fait de 3 pieds), de l'épaisseur d'un demi quart de pouce, le creux en dedans étant large d'1/10 de pouce ou moins et, en y soudant une balle de verre de deux pouces de diamètre ou environs, en

1. Robert Hooke (1635-1703) est célèbre pour ses recherches sur la combustion, la microscopie, la résistance des matériaux (module de Hooke), l'astronomie, l'architecture, etc. Il fut surnommé le *Léonard de Vinci anglais*. Son thermomètre est quasi inconnu.

2. Le pied anglais valait 30,5 cm. Il contenait 12 pouces de 2,54 cm.

sorte qu'il y a communication entre le tuyau et la balle en dedans fort libre. Il remplit sa balle, comme je vous dirai après, de l'esprit de vin fort pur coloré rouge par le bois de Brésil, les grains de Cochenille ou chose semblable[1] puis en y soudant ou joignant par la lampe une autre balle plus petite à l'autre bout du tuyau en sorte qu'il ne respire point, il met le thermomètre dans un chassis de bois sur lequel sont marquées les parties par lesquelles il veut compter les degrés de chaleur, commençant par le milieu du tuyau, le plus haut marquant la plus grande chaleur d'été et le plus bas le degré de froid qui fait de la glace. En voici la figure sur la marge, grossièrement tirée mais elle suffira pour vous faire comprendre[2].

En observant le croquis original de Robert Moray (fig. 3.1), on constate qu'il s'agit d'un thermomètre « de Florence » mais doté pour la première fois dans l'histoire d'un point de repère sérieux, ici la glace fondante. De plus ce repère est placé de telle sorte que l'on puisse mesurer les températures en dessous de ce zéro, disposition qui nous est familière. Ce thermomètre est fort peu connu car sa description parut officiellement dans une publication dédiée aux observations microscopiques[3]. Mais laissons la parole à Hooke en personne :

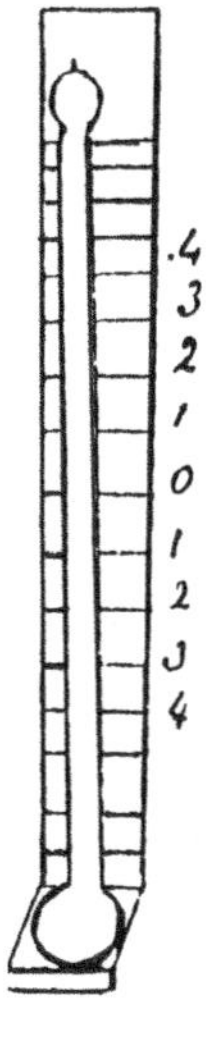

Fig. 3.1

Pour graduer la tige, je fixe le début de ma division à l'endroit où se maintient la surface de la liqueur lorsque la balle est placée dans de l'eau commune distillée qui est si froide qu'elle commence juste à geler et se forme en paillettes ; et cette marque, je l'indique sur la tige à la place qu'il convient pour qu'il puisse

1. Hooke disait : « *the best rectified spirit of wine highlly ting'd with the lovely color of cocheneel* ».

2. Lettre de R. Moray à C. Huygens, 1664.

3. *Micrographia: or some physiological descriptions of minute bodies made by magnifying glasses with observations and inquiries thereon*, London, 1665.

> indiquer de nombreux degrés de froid… Le reste de mes divisions au-dessus et en dessous, que je marque d'un 0, je les place en fonction du degré d'expansion ou de contraction de la liqueur en proportion du volume qu'il occupait lors de la congélation.

Étant donnée la difficulté de mesurer avec précision le volume du bulbe en verre soufflé et pour obtenir une graduation universelle, Hooke utilise une sorte de thermomètre auxiliaire (fig. 3.2). Il s'agit de ce que nous appellerions de nos jours une petite boîte de conserve (deux pouces de diamètre et de hauteur), mais ce genre de boîte n'existaient pas à l'époque et Hooke la construisit probablement en laiton ou argent finement laminé.

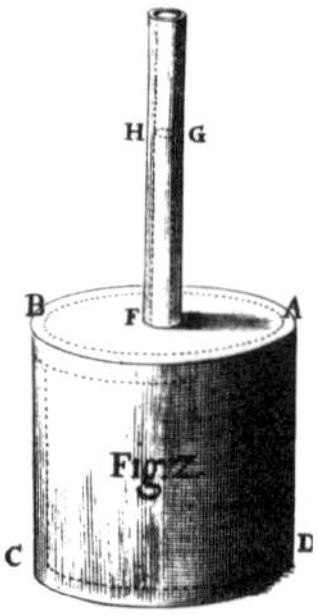

Fig. 3.2

Dans le couvercle de cette boîte, il pratique en F une ouverture et y scelle un tube en verre dont le diamètre intérieur fait exactement le 1/10e de celui de la boîte. Il grave un trait dans le verre en HG, à la hauteur correspondant à celle de la boîte. Il divise ensuite la longueur HF en dix parties égales. De la sorte, le volume compris dans chaque division (fig. 3.3) représente exactement 1/1000e du volume de la boîte.

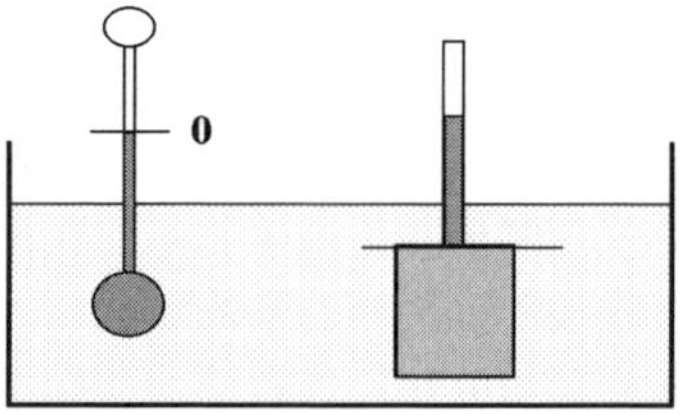

Fig. 3.3

Pour graduer le thermomètre, il commence par remplir sa « boîte d'étalonnage » du même alcool coloré que celui du thermomètre. Il place ensuite ce dernier et la boîte dans l'eau glacée de telle sorte que le thermomètre indique 0. Il ajuste soigneusement la quantité d'alcool dans la boîte de telle sorte qu'il affleure exactement en F, en bas du tube gradué. Laissant l'eau se réchauffer lentement, il regarde monter l'alcool dans les deux tubes et reporte sur la tige du thermomètre les graduations lues sur le tube. Il lui est ensuite facile de placer des graduations intermédiaires ou d'extrapoler l'échelle.

On comprend que ce système soit universel et que les graduations n'aient rien d'arbitraire car elles reflètent assez exactement la dilatation de l'alcool. Ce type de thermomètre fut utilisé jusqu'en 1709 par des membres de la *Royal Society*, soit pendant quarante ans, ce qui n'est pas mal à cette époque pour ce genre d'instrument. De plus, il permit d'établir les tout premiers relevés météorologiques à peu près fiables.

L'huile de lin et le fer rouge d'Isaac Newton

> [...] car dans tout ce qu'il entreprenait, il fallait qu'il changeât les idées recues par les autres hommes.
>
> Voltaire[1]

Hooke et Newton[2], quoique membres de la même société, voyaient habituellement toutes choses de façon différente ; leur pugilat scientifique à propos de la gravitation est resté célèbre dans l'histoire des sciences. En tout cas, peu avant la mort de Hooke, soit près de 40 ans après l'invention de son thermomètre, Newton envoie à la *Royal Society* un article de cinq pages intitulé : *Tabula quantitatum et graduum caloris*. Dans cet article

1. *Lettres philosophiques. Sur l'infini et sur la chronologie*, 1734.

2. Isaac Newton (1642-1727) : l'un des plus brillants scientifiques de tous les temps (théories de la lumière, invention du télescope, découverte des lois de la gravitation, du calcul infinitésimal, etc.)

VII. *Scala graduum Caloris.*

Calorum Descriptiones & signa.

		CAlor aeris hyberni ubi aqua incipit gelu rigescere. Innotescit hic calor accurate locando Thermometrum in nive compressa quo tempore gelu solvitur.
0,1,2,		Calores aeris hyberni.
2,3,4.		Calores aeris verni & autumnalis.
4,5,6.		Calores aeris æstivi.
6		Calor aeris meridiani circa mensem Julium.
12	1	Calor maximus quem Thermometer ad contactum corporis humani concipit. Idem circiter est calor avis ova incubantis.
14 $\frac{3}{11}$	1 $\frac{1}{4}$	Calor balnei prope maximus quem quis manu immersa & constanter agitata diutius perferre potest. Idem fere est calor sanguinis recens effusi.
17	1 ^{1}	Calor balnei maximus quem quis manu immersa & immobili manente diutius perferre potest.
20 $\frac{2}{11}$	1 $\frac{3}{4}$	Calor balnei quo cera innatans & liquefacta deferendo regiscit & diaphaneitatem amittit.
24	2	Calor balnei quo cera innatans incalescendo, liquescit & in continuo fluxu sine ebullitione conservatur.
28 $\frac{6}{11}$	2 $\frac{1}{4}$	Calor mediocris inter calores quo cera liquescit & aqua ebullit.
34	2 $\frac{1}{2}$	Calor quo aqua vehementer ebullit & mistura duarum partium plumbi trium partium stanni & quinque partium bismuti defervendo rigescit. Incipit aqua ebullire calore partium 33 & calorem partium plusquam 34 $\frac{1}{2}$ ebulliendo vix concipit. Ferrum verò defervescens calore partium 35 vel 36, ubi aqua calida & 37 ubi frigida in ipsum guttatim incidit, desinit ebullitionem excitare.
40 $\frac{4}{11}$	2 $\frac{3}{4}$	Calor minimus quo mistura unius partis Plumbi quatuor partium Stanni & quinque partium Bismuti incalescendo liquescit, & in continuo fluxu conservatur.
48	3	Calor minimus quo mistura æqualium partium stanni & bismuti liquescit. Hæc mistura calore partium 47 defervendo coagulatur.

Fig. 3.4

non signé, paru en 1701 dans les *Philosophical Transactions*, journal officiel de cette société, il décrit sous forme de table une façon bien à lui de mesurer les « degrés de chaleur[1] ».

Contrairement à l'échelle de Hooke uniquement destinée à des observations météorologiques, celle de Newton couvre des température allant de la glace fondante à celle d'une forge !

Comment établit-il ses degrés de chaleur ?

> Cette table fut construite au moyen du thermomètre et du fer rouge. Par le thermomètre furent trouvés tous les degrés de chaleur jusqu'à celui qui fait fondre l'étain et par le fer rouge furent trouvés tous les autres degrés.

Avant de nous intéresser à ce fer rouge apparemment incongru, examinons son thermomètre. Il s'agissait d'un modèle « de Florence » dans lequel il avait remplacé l'alcool par de l'*huile de lin*. Son but était manifestement d'essayer de lire la plus haute température possible, l'ébullition de l'huile de lin se produisant largement au-dessus de celle de l'alcool et même de l'eau. Jusqu'à quelle température son thermomètre était-il utilisable ? Difficile à dire, car cette huile, comme tous les corps gras, n'a pas une température d'ébullition bien nette, sans compter que l'on ignore si Newton utilisait de l'huile « première pression » ou de l'huile cuite, comme celle que l'on peut trouver de nos jours[2].

Il propose comme degré zéro :

> [...] la chaleur de l'air en hiver *quand l'eau commence à geler.* Cette chaleur est trouvée exactement en plaçant le thermomètre dans de la neige comprimée qui commence à fondre.

Newton considère ce zéro comme le plus bas degré de chaleur ou la frontière habituelle entre le chaud et le froid.

---

1. Cette table fut rééditée en anglais en 1809 dans la même publication.

2. Il paraît que si l'on essaye de déterminer cette température, l'huile de lin a tendance à s'enflammer ou même à exploser.

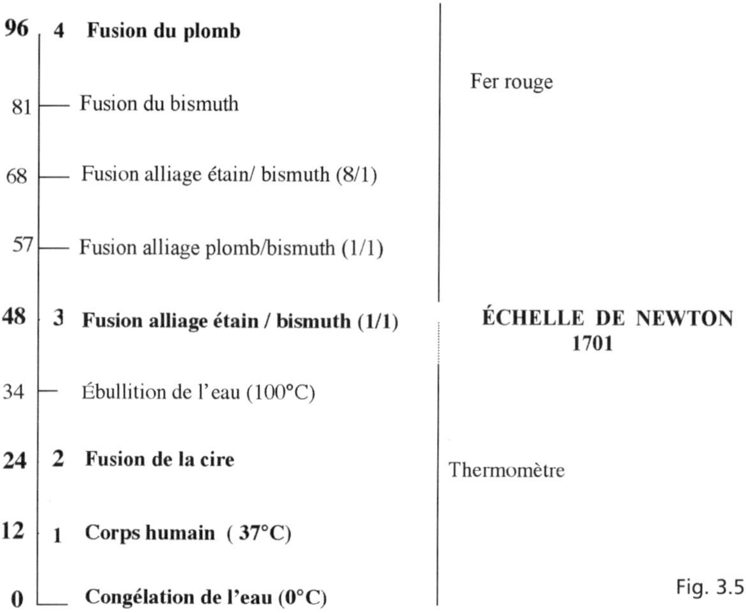

Fig. 3.5

Sa table indique ensuite :

> Douze : La plus grande chaleur que le thermomètre reçoit *au contact du corps humain* ; de même, c'est à peu près celle d'un oiseau couvant ses œufs.

Newton est ici, semble-t-il, le premier dans l'histoire à utiliser comme point de repère cette température du corps que nous connaissons si bien et qui est chez l'homme en bonne santé d'une constance remarquable, disons 37 °C à un degré près.

On reconnaît aussi le système de numération européen de l'époque. Un pied valait (et vaut toujours) 12 pouces ; une livre contenait 12 onces, unité internationale toujours d'actualité pour la cotation des métaux précieux[1].

1. Il s'agit de la livre dite « *troy* ».

Il est à noter que les douze « degrés » de Newton correspondent à peu près à la température maximum de l'air dans nos pays tempérés. Nous disons : « 40 degrés à l'ombre » ; en son temps Fahrenheit écrivait sur son thermomètre : « *Extream hot* ». Cette façon de compter est à rapprocher de l'échelle que l'amiral de Beaufort imagina en 1805 pour évaluer la force du vent sur son navire de guerre, le maximum étant de 12 (hurricane, ouragan).

Pour les températures dépassant celle du corps, Newton prend comme repère **24**, la température d'un bain dans lequel fond de la cire.

L'ébullition de l'eau ne l'intéresse pas particulièrement car il la note simplement 34 sur son échelle. Il nous parle bien de la chaleur qui fait bouillir l'eau à gros bouillons mais il propose comme alternative la fusion d'un alliage constitué de deux parties de plomb, trois d'étain et cinq de bismuth.

Pour évaluer la température de fusion des alliages, il se sert de sa barre de fer chauffée au rouge. Il la retire du feu à l'aide pincettes, la dispose en plein vent (fig. 3.5) et :

> [...] plaçant diverses particules de métal ou autres corps fusibles, le temps de refroidissement fut noté jusqu'à ce que les particules se soient solidifiées et que la chaleur du fer soit égale à celle du corps humain. [...] Si l'on prend des temps de refroidissement égaux, les degrés de chaleur seront en proportion géométrique et pourront être ainsi aisément trouvés à l'aide de tables de logarithmes.

Il notait ainsi **48** pour la fusion d'un alliage d'étain et de bismuth et **96** pour celle du plomb[1]. La température

1. Tout se passe ici comme si Newton avait voulu publier la méthode qu'il utilisait lors de ses expériences sur les alliages de divers métaux fusibles. Notons qu'en 1696 Newton avait été nommé *Warden of the Royal Mint* (Monnaie Royale) ce qui lui donnait l'occasion de se mêler de la fabrica-

maximum sur son échelle, notée **192**, correspondait à celle de sa barre de fer chauffée le plus fort possible par un petit feu de cuisine au charbon.

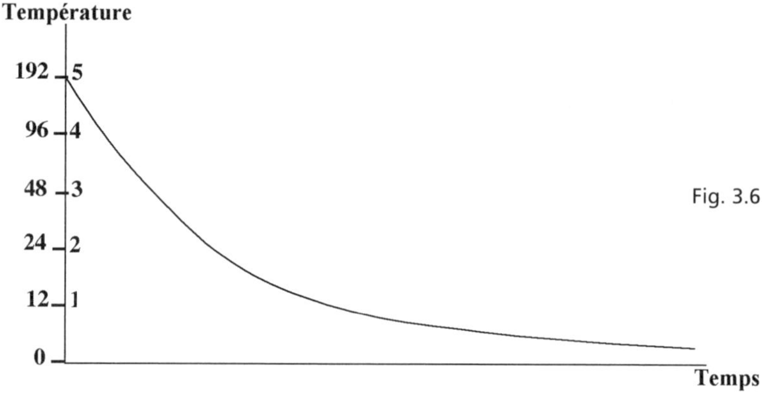

Fig. 3.6

Au-dessus de la fusion du plomb, Newton évaluait la température de sa barre en l'observant dans l'obscurité, ce qui est en vérité fort peu précis.

> 114. Chaleur pour laquelle les corps incandescents en train de refroidir cessent de briller la nuit [...].
>
> 136. Chaleur pour laquelle les corps incandescents brillent la nuit, mais pas du tout dans le crépuscule précédant immédiatement l'apparition du soleil [...].
>
> 161. Chaleur pour laquelle les corps incandescents brillent manifestement au crépuscule [...].

---

tion des métaux précieux qu'il connaissait si bien, mais surtout de réformer cette institution passablement corrompue et inefficace. L'université de Cambridge conserve les manuscrits alchimistes dans lesquels il consigna ces recherches de 1664 à 1696.

Newton semble s'être désintéressé de cette échelle qui resta quasi inconnue et n'eut pas de descendants directs. Et pourtant la graduation par multiples de douze était parfaitement justifiée et ses deux points de départ *la glace fondante* et *la température du corps* sont assez précis[1]. Dans la foulée, il avait inventé la *pyromètrie,* autrement dit l'étude des hautes températures[2].

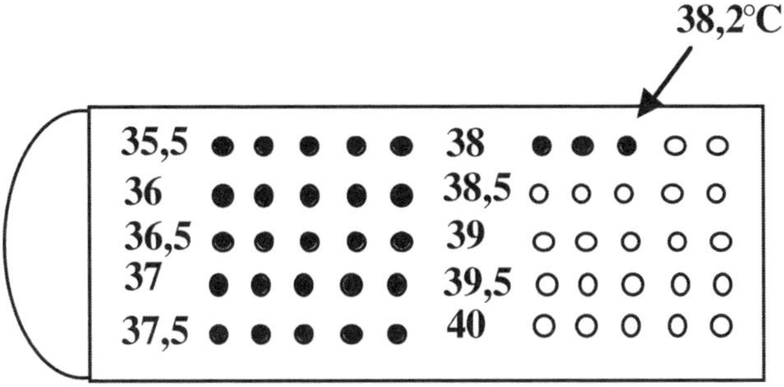

Fig. 3.7

Newton aurait été fort surpris d'apprendre que l'on vient de mettre au point un thermomètre médical jetable basé sur son idée d'échelonner les températures de fusion. Ce dernier se présente sous la forme d'une bandelette en plastique à placer sous la langue pendant une minute. Elle est couverte d'une grille de petits points qui changent de couleur et permettent une mesure à 0,1 °C près (fig. 3.7).

1. On ignore la pureté des métaux utilisés par Newton et particulièrement celle du bismuth; il est donc difficile d'indiquer la température de fusion de ses alliages. L'étain, le bismuth et le plomb purs fondent respectivement vers 232 °C, 270 °C et 330 °C.

2. À noter que Newton plaçait aussi une échelle « comprimée » 1-2-3-4-5 en regard des graduations 12-24-48-96-192.

Chacun de ces points contient une substance qui, par fusion, passe du vert au noir (thermomètre à changement de phase). On lit donc la température sur le dernier des points noirci de la grille. La lecture doit se faire immédiatement car la substance se re-solidifie lorsque la température diminue. Actuellement, ces languettes sont surtout utilisés dans certains hopitaux[1].

1. http://www.medicalmailorder.com

Chapitre 4

LE THERMOMÈTRE DE FAHRENHEIT

Roëmer, maître à penser de Fahrenheit

Laissons Newton continuer ses travaux à Cambridge pour nous rendre à Copenhague et y rencontrer l'astronome danois Roëmer[1]. Ce dernier notait au jour le jour la température de l'air près de son observatoire pour corriger ses cercles gradués et ses pendules. C'est ainsi qu'au même moment que Newton, il inventa une échelle qui, *en tout cas par ses repères,* est celle que nous utilisons de nos jours (fig. 4.1).

Dans ses notes, publiées seulement en 1910, il décrit la façon de fabriquer un thermomètre à *mercure* et nous dit :

> Lorsque le thermomètre est terminé, rempli et scellé, le point de division 7 1/2 est déterminé *à l'aide de neige ou de glace pilée*, le point 60 par *l'ébullition.*

Pourquoi Roëmer choisit-il deux nombres qui nous semblent aussi bizarres ? Il faut ici faire remarquer que le nombre 60 allait de soi pour un astronome puisqu'il s'agit,

1. Olaüs Roëmer (1644-1710). Ce dernier était non seulement astronome mais aussi excellent physicien et mécanicien. C'est lui qui inventa la lunette méridienne, mais son nom est passé à la postérité pour ses observations des satellites de Jupiter qui lui permirent de découvrir en 1676 que la transmission de la lumière ne peut être instantanée.

comme aujourd'hui, de la division classique des heures et des minutes, ainsi que des degrés d'angles.

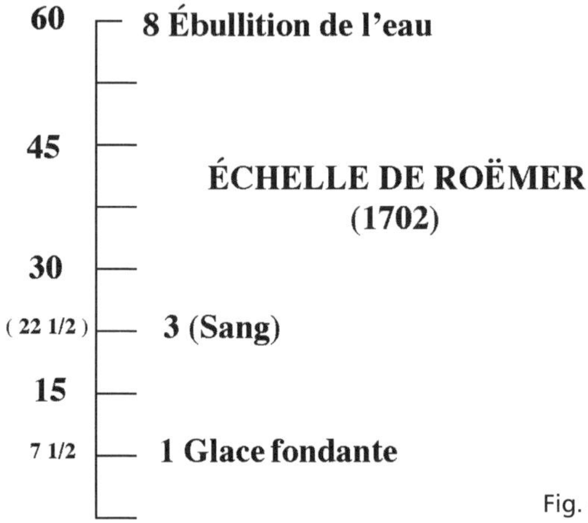

Fig. 4.1

Son échelle (de 60 degrés) était divisée comme lorsque l'on coupe une tarte en 2, puis 4, puis 8 (division binaire à la mode des ordinateurs). Le nombre 7 1/2 n'est autre que la première de ces divisions (60/8 = 7 1/2). Cette graduation était choisie pour *éviter tout chiffre négatif* dans ses mesures de température à Copenhague en hiver, *ce que notre échelle centigrade ne permet pas.* Notons que nous sommes à ce point habitués à dire « il fait moins cinq degrés » que nous ne percevons pas à quel point il est anormal d'utiliser des températures négatives.

Roëmer, contrairement à Newton ne mentionne pas la température du corps humain, qui correspondait à environ 22 1/2 degrés sur son échelle, mais il s'en servait, comme nous allons le voir. Il ne nous dit rien de la valeur de son zéro, mais selon certains, il aurait utilisé un mélange réfrigérant pour des observations météorologiques pendant l'hiver 1708-1709. Son échelle aurait disparu sans laisser de traces si elle n'avait été reprise, à sa manière, par un certain Fahrenheit.

L'échelle de Gabriel Fahrenheit

C'est dans ce port polonais, que nous nommons Gdansk, Danzig ou Dantzig, que naquit en 1686 Gabriel Daniel Fahrenheit. Il était fils, dit-on, de commerçants prussiens. Les dictionnaires, avec leur manie d'attribuer à contretemps une nationalité aux hommes célèbres, le déclarent Allemand, on pourrait dire plus justement qu'il était polonais ou hollandais, en tous cas un vrai Européen du Nord.

Devenu orphelin, il fut envoyé à Amsterdam à l'âge de quinze ans, y vécut une grande partie de sa vie et y mourut en 1736. Quoique destiné au commerce et sans formation scientifique de base, il devint un spécialiste renommé pour la qualité de ses instruments de physique.

Dans sa jeunesse, il passa quelques années au Danemark où il rencontra Roëmer peu avant la mort de ce dernier. Vu l'âge et la réputation de l'astronome, le jeune Fahrenheit devait certainement le considérer comme un maître à penser, en tout cas en ce qui concerne la façon de graduer les thermomètres.

Dans une des très rares lettres qui nous soient parvenues, il nous fait vivre sa rencontre avec Roëmer :

> Maintenant, concernant la façon dont j'en vins à améliorer des thermomètres, je suis heureux de vous informer que j'en ai reçu la première incitation en l'année 1708 en conversant avec l'excellent Roëmer à Copenhague. Lorsque je vins le voir pendant une belle matinée, je constatai qu'il avait disposé un certain nombre de thermomètres dans *de l'eau et de la glace* et, plus tard, il les trempa dans de l'eau chaude qui était *à la*

> *chaleur du sang*[1]. Et après qu'il ait marqué ces deux limites sur tous les thermomètres…, la distance totale fut divisée en 22 1/2 parties, commencant à 0 à la partie inférieure, ensuite 7 1/2 pour le récipient avec de la glace et 22 1/2 pour celui à la température du sang. J'ai également utilisé cette graduation jusqu'à l'année 1717 mais avec cette différence que j'ai divisé chaque degré en quatre plus petits …. Comme cette graduation est incommode et disgracieuse à cause des fractions, j'ai décidé de modifier l'échelle et d'utiliser 96 au lieu de 22 1/2 ou 90. *C'est ainsi que j'ai toujours procédé depuis*[2] ».

Résumons la démarche de Fahrenheit. Il a fait, semble-il, évoluer l'échelle de Roëmer comme suit :

Glace fondante : 7 1/2, puis 7 1/2 × 4 = 30 (pour plus de précision), ensuite 32 (pour éviter les fractions).

Température du sang : 22 1/2, puis 22 1/2 × 4 = 90, puis 96.

Il est un fait que c'est peu de temps après sa rencontre avec Roëmer que Fahrenheit se mit à fabriquer et à vendre des thermomètres à alcool, puis surtout ceux à mercure qui firent sa réputation, mais ce n'est que des années plus tard qu'il réussit à faire valoir son procédé devant la *Royal Society of London*, l'institution la plus prestigieuse de l'époque. C'est en effet dans les comptes rendus de 1724 de cette société qu'il faut chercher le seul écrit officiel concernant son thermomètre à mercure et sa graduation[3].

---

1. Il est probable que cette eau tiède était obtenue par mélange en se servant d'un thermomètre préalablement étalonné sur le corps humain. On remarque qu'il s'agit des points de repère choisis par Newton.

2. Lettre de G. Fahrenheit au chimiste hollandais H. Boerhaave, datée de 1729 et publiée en… 1936. Cette lettre essentielle réduit à rien les nombreuses supputations sur l'origine de l'échelle de Fahrenheit parues avant la dernière guerre mondiale.

3. *Experiments concerning the degrees of heat,* Philosophical Transactions, London, 1724.

Dans ce texte, Fahrenheit prétend qu'il utilise *trois* points fixes et que son échelle possède un degré zéro :

> [...] que l'on trouve par un mélange de glace, d'eau et de salmiac [sel d'ammoniac] ou aussi de sel de mer. Lorsque l'on plonge ce thermomètre dans ce mélange, le fluide descend pour se stabiliser au point 0. Cette expérience se déroule mieux en hiver qu'en été.

Il est manifeste que cette définition est venue après coup. On a peut-être fait remarquer à Fahrenheit qu'une échelle dont le zéro ne pouvait être défini par une mesure directe, ce qui était le cas, ne faisait pas très sérieux dans une publication de la *Royal Society*. Il a en tout cas désigné comme début de son échelle un mélange donnant le froid le plus intense que l'on puisse fabriquer artificiellement à l'époque, environ – 18 °C pour nous. Cependant, il ne viendrait l'idée à personne d'étalonner un thermomètre à l'aide d'un procédé qui « fonctionne mieux en hiver qu'en été ». Comme disait plus tard un physicien :

> [...] les degrés de froid qu'acquièrent les congélations artificielles, ainsi qu'elles étaient préparées par Fahrenheit, varient beaucoup & peuvent produire de grandes erreurs.

L'on a prétendu que la graduation zéro de Fahrenheit correspondait à un grand froid qui régna à Dantzig en 1709 ou à la plus basse température mesuré en Islande ; c'est bien possible mais cela n'a rien à voir avec la définition de son échelle.

Après cette détermination pour le moins douteuse de sa graduation zéro, Fahrenheit nous dit (toujours en 1724) qu'à l'*ébullition de l'eau* de pluie son thermomètre indique *212 degrés*. C'est une simple constatation, mais l'on ne peut s'empêcher de remarquer que l'écart entre le point d'ébullition de l'eau et son point de congélation se trouve du coup divisé en *180 parties* (212 – 32 = 180). Étant donné l'extrapola-

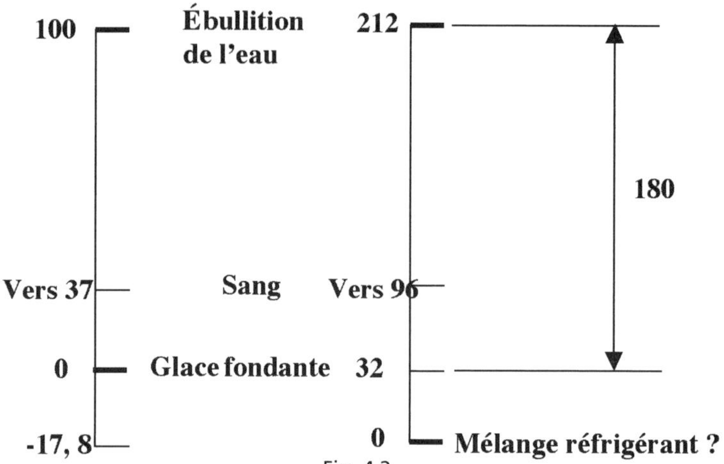

Fig. 4.2

tion à partir de 96 degrés qui ne pouvait qu'être imprécise, l'on soupçonne un coup de pouce destiné à graduer le thermomètre en 180 degrés, comme sur un rapporteur, ce qui est d'ailleurs une excellente idée.

Quoi qu'il en soit, nous en arrivons à l'échelle actuelle avec la correspondance entre degrés centigrades et en degrés de Fahrenheit que l'on trouve partout y compris dans nos instruments les plus sophistiqués (fig. 4.2).

On se rend compte que, *contrairement à ce que disent les manuels,* les références actuelles du thermomètre de Fahrenheit sont bien, comme pour le nôtre, la température de la glace fondante et de l'ébullition de l'eau. Sa division est simplement de 180 degrés, comme les angles sur un rapporteur, au lieu de 100. Le truc classique conseillé pour passer des degrés Fahrenheit aux degrés centigrades et qui consiste à enlever 32, puis à multiplier par 5/9 (au lieu de 100/180) masque totalement cette réalité. Si le calcul se fait par ordinateur, il ne reste évidemment plus rien à comprendre.

Chapitre 5

LE THERMOMÈTRE DE RÉAUMUR

Vous avez dit Réaumur ?

J'ai demandé autour de moi qui connaissait Réaumur. Ceux de ma génération m'ont répondu, dans le meilleur des cas : un homme ou un thermomètre ; les plus jeunes n'en ont jamais entendu parler. Posons la question autrement, dans le style des jeux télévisés soit-disant intellectuels. « Qui, né en 1683, a démontré la possibilité de transformer la fonte en fer et fondé la métallographie, a écrit les six volumes des *Mémoires pour servir à l'histoire des insectes*, a inventé une sorte de porcelaine qui porte son nom et essayé de croiser une poule et un lapin. Facile ! Il s'agit bien sûr de René Antoine Ferchault qui fut une des lumières d'un siècle fort éclairé et dont le père était, à La Rochelle, conseiller du roi Louis XIV et seigneur de deux villages vendéens, La Bermondière et Réaumur. Après de solides études, il « monta » à Paris à 20 ans. Contrairement à d'Artagnan qui n'avait qu'un mauvais cheval, sa bourse était bien garnie. Il faut croire qu'il était doué car à 25 ans il fut admis à l'Académie des Sciences de Paris dont il devint président trois ans plus tard. Resté à ce poste pendant plus de quarante ans, il bombarda cette brillante assemblée de mémoires de grande valeur sur presque tous les sujets imaginables. Cet esprit encyclopédique disparut en 1757, à l'âge de 74 ans.

Réaumur avait entendu parler de la façon dont les Égyptiens faisaient éclore les œufs depuis toujours en utilisant la chaleur dégagée par le fumier[1]. Il s'attela à cette tâche sans résultat probant, puis se tourna vers les fours à pain. Sous peine d'obtenir des œufs durs ou d'attendre vainement les éclosions, il lui fallait un thermomètre sensible, mais surtout d'un modèle aisé à reproduire qu'il décrivit en 1730 dans un de ses innombrables mémoires[2].

Une méthode inapplicable

Réaumur ne pouvait ignorer le thermomètre de Fahrenheit dont la description avait été publiée six ans plus tôt. Cependant, il choisit comme liquide un *alcool dilué* au lieu du mercure et se servit d'*un seul point fixe*, le zéro, qu'il attribua *à la congélation de l'eau*, comme Hooke et Newton. Il ne semble pas avoir connu leurs échelles thermométriques. À la température où l'eau commence à geler, son thermomètre contenait un volume d'alcool qu'il mesurait très soigneusement. En utilisant des pipettes calibrées, il divisait alors le tube en fractions de ce volume qu'il nommait « *degrés de dilatation* » et « *degrés de condensation* ». On voit que sa méthode était fort proche de celle de Hooke (page 38).

1. *L'art de faire éclore et d'élever en toutes saisons les oiseaux domestiques*, Paris, 1749.

2. *Règles pour construire des thermomètres dont les degrés sont comparables et qui donnent une idée d'un chaud ou d'un froid qui puissent être rapportés à des mesures connues.* Mémoires de l'Académie des Sciences de Paris, 1730.

Afin d'obtenir une bonne précision, il donnait au bulbe et à la colonne d'alcool des dimensions impressionnantes. Voici ce qu'en disait M. Brisson, physicien de renom, quelques années avant que ce fameux thermomètre ne soit emporté par la Révolution :

> On a reproché à M. de Réaumur que ses thermomètres étaient trop grands. Ce reproche était fondé, car, comme il les graduait par des mesures qui, si elles eussent été trop petites, eussent occasionné trop d'erreurs, les boules avaient au moins 3 pouces de diamètre & les tubes environ 5 pieds de longueur.

On imagine mal de nos jours un thermomètre atteignant presque la hauteur d'un homme... de l'époque.

Il est évident que, pour une même variation de température, ces « degrés » dépendaient de la dilution de l'alcool. Réaumur choisit cette dernière de telle sorte que le volume se dilate de 1 000 à 1 080 entre « l'eau qui commence à geler » et l'ébullition de l'eau ; autrement dit, son échelle comportait 80 « degrés » entre ces deux températures repères. On pouvait obtenir cet alcool à Paris chez les droguistes, dit-on[1].

De l'avis de tous les utilisateurs, le choix de ce chiffre 80 était assez judicieux car il était aisément divisible (80, 40, 20, 10, 5). N'oublions pas qu'à l'époque de Réaumur, le système décimal n'était pratiquement jamais utilisé et que, de toutes façon, les avantages de ce système étaient inutiles, les degrés du thermomètre n'étant pas susceptibles de divisions ou de multiplications.

---

1. J. A. Deluc, nous dit « *Ce mélange doit être d'environ cinq parties d'esprit-de-vin qui brûle la poudre* (c.à.d. suffisamment rectifié pour enflammer la poudre à canon) *et d'une partie d'eau* ».

Faux triomphe du thermomètre de Réaumur

Un thermomètre inventé par le président de l'Académie des Sciences de Paris ne pouvait que s'imposer en France. Il devint dans ce pays la référence absolue. Pourtant, il n'avait que des défauts : instrument quasi intransportable, procédé long et délicat, méthode expliquée de façon verbeuse et plein d'ambiguités.

En effet, dans son mémoire de 1730, Réaumur voulant expliquer les chiffres qu'il gravait sur son échelle introduisit une petite phrase qui ruina complètement sa propre méthode :

> Nous écrirons, par exemple, au sommet de l'échelle : Esprit de vin, dont le volume est 1 000 lorsqu'il est condensé [contracté] par la congélation de l'eau et 1 080 lorsqu'il est raréfié [dilaté] par l'eau bouillante. Dans ce cas, si le thermomètre va assez loin, le degré de dilatation marqué 80 d'un côté et 1 080 de l'autre sera le terme de l'eau bouillante ».

Il est normal qu'en se fiant aux déclarations de Réaumur lui-même, tout le monde crut comprendre que *la congélation de l'eau se produisait à 0 degré et l'ébullition à 80 degrés de son échelle, ce qui n'était nullement le cas.*

En effet, il faut faire remarquer ici que plonger un thermomètre à alcool dans de l'eau bouillante est une hérésie car l'alcool pur bout à 78,4 °C et l'alcool dilué entre cette valeur et 100 °C. C'est ce qu'avait fort bien remarqué à l'époque le physicien hollandais Van Musschenbroek.

> Ces sortes de thermomètres remplis d'esprit de vin ne peuvent servir que pour mesurer des petits degrés de chaleur car aussitôt que la liqueur se met à bouillir, ils ne peuvent plus marquer. Or l'esprit rectifié de brandevin boût un peu plus tôt

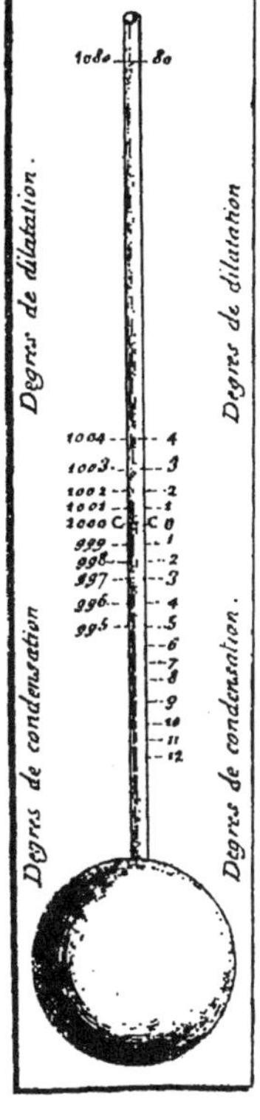

Fig. 5.1
Thermomètre
de Réaumur

que l'eau, de sorte que l'on ne peut découvrir à l'aide de ce thermomètre quel est le degré de chaleur de l'eau qui boût[1].

En fait, Réaumur *procédait d'une tout autre façon*. S'il plongeait effectivement son thermomètre dans de l'eau bouillante pour l'étalonner, il retirait cette eau dès que l'alcool commençait à bouillir et répétait l'opération plusieurs fois, comme il le dit dans son mémoire :

Quand j'ai eu répété ce manège jusqu'à cinq ou six fois au plus, le terme de l'élévation marquée par le fil après les bouillonnements cessés s'est trouvé constamment le même ; ainsi je l'ai regardé comme *le terme de la plus grande dilatation que l'eau bouillante puisse donner à cet esprit de vin, sans le faire bouillir.*

Comme disait Deluc :

Si l'on fait attention à ce procédé de M. de Réaumur, on verra bien que sa liqueur [l'alcool dilué] quoique plongée dans l'eau bouillante, *n'en acquérait pas toute la chaleur* puisqu'il retirait son matras dès que la liqueur commençait à bouillir. *C'est donc une bien grande erreur que de nommer le degré 80 de M. de Réaumur le terme de l'eau bouillante.*

1. P. Van Musschenbroek. Professeur de philosophie et mathématiques à l'université d'Utrecht. *Essai de physique*, Leyden, 1739.

Deluc condamne le thermomètre de Réaumur

Le sieur Deluc, comme nous l'avons vu, faisait des mesures de température en haute montagne en utilisant des thermomètres qu'il portait sur son dos. Il n'était pas question dans ces conditions d'utiliser à cette fin un énorme thermomètre à la « mode de Réaumur », aussi avait-il fabriqué des thermomètres *au mercure* de dimensions raisonnables, autrement dit de l'ordre de 30 cm de long.

Dans ses mesures, Deluc *tenait absolument à utiliser la graduation de 0 à 80* inventée par Réaumur, mais pensait que ce dernier avait tort d'utiliser de l'alcool. Pour vérifier son idée, il confectionna des thermomètres très variés en utilisant, dans le même bulbe, les substances les plus diverses : huile d'olive, huile essentielle de camomille et de serpolet, eau, alcool plus ou moins dilué et bien entendu du mercure[1]. Sa conclusion fut sans appel :

> Le mercure est de tous les liquides employés au thermomètre celui dont les variations dans son volume approchent le plus d'être proportionnelles aux variations correspondantes de la chaleur.

Deluc en construisant son thermomètre à mercure à 80 divisions essaya de le comparer au célèbre thermomètre à alcool de Réaumur, en suivant au mieux les recommandations posthumes de ce dernier (fig. 5.2). Les résultats de ses recherches sont résumés dans les deux colonnes extérieures du tableau, colonnes qui demandent quelques commentaires.

1. *Recherches sur les modifications de l'atmosphère, contenant l'histoire critique du baromètre et du thermomètre, un traité sur la construction de ces instruments, des expériences relatives à leurs usages, etc.*, Genève, 1772.

Table de dégrés correſp. entre le vrai *Thermomètre de M.* de Réaumur, *& les Thermomètres* de même liqueur que le ſien *& de* mercure, *diviſés en 80 parties entre* la glace qui fond *& l'*eau bouillante.

	Thermomètre de mercure.	*Therm. de la liq. de M.* de Réaumur : *même éch. que celui du merc.*	*Vrai Therm. de M.* de Réaumur.
Eau bouillante...	80	80,0	100,4
	75	73,9	92,8
Terme fixe ſupérieur du Therm. de M. *de Réaumur.*	70	67,8	85,2
	66,6	63,7	80,0
	65	61,8	77,8
	60	56,2	70,8
	55	50,5	63,7
	50	45,0	56,8
	45	39,8	50,4
	40	35,0	44,2
	35	30,1	38,3
Température du *corps humain*, par des obſervations immédiates ſur les trois Ther.	30	25,5	32,6
	29,9	25,3	32,5
	25	20,8	26,7
	20	16,3	21,1
Tempér. des *caves de l'Obſervat. de Paris*, par obſerv. imméd. ſur le Ther. de *merc* & ſur celui de M. *de Réaumur.*	15	11,9	15,6
	10	7,9	10,6
	9,6	7,6	10,25
	5	3,9	5,7
Glace qui fond...	0	0,0	0,8
Terme fixe infér. de M. *de Réaumur*, ou ſon *zéro.*	0,8	0,7	0,0
	5	3,8	3,9
Temp. du mélange de 2 parties de *glace qui fond*, & d'une partie de *ſel marin*, par obſerv. imméd. ſur les trois Thermom.	10	7,5	8,5
	15	11,2	13,1
	17,	12,7	15,0

Fig. 5.2

Il commença par rappeler que Réaumur n'utilisait nullement de la glace fondante pour établir le zéro de son thermomètre, mais de l'eau *en train de se congeler dans un mélange réfrigérant*, ce qui rend l'opération difficile à réaliser car il faut saisir le bon moment pour faire la lecture. Il constatait qu'en indiquant zéro sur son thermomètre à mercure plongé dans la glace fondante, celui de Réaumur indiquait 0,8 °. Une broutille pour qui n'est pas trop pointilleux.

En son temps, Réaumur avait indiqué dans son fameux mémoire que son thermomètre indiquait 10,25 ° dans les caves de l'observatoire de Paris. Deluc, habitant en Suisse, envoya plusieurs de ses thermomètres à mercure à des correspondants à Paris qui procédèrent au fond de ces caves à des mesures fort soigneuses, mesures dont Deluc conclut :

> Je ne puis donc m'écarter essentiellement du vrai en fixant la température de ce lieu renommé à 9,6 ° du thermomètre de mercure.

Beaucoup plus grave, il rappelle ce qui a été dit plus haut sur l'impossibilité de porter de l'alcool à la température d'ébullition de l'eau :

> Lorsque j'ai décrit ci-devant le thermomètre de M. de Réaumur, on a pu comprendre déjà que ce thermomètre *ne soutenait point la chaleur de l'eau bouillante.* Et si l'on remonte aux détails que M. de Réaumur a donné lui-même de ses procédés, on verra bien que ce n'était point cela son but. Il ne cherchait qu'un degré fixe de chaleur dont son esprit-de-vin affaibli [dilué] fût susceptible & il crut le trouver dans la température de cette liqueur *lorsqu'elle ne peut plus s'échauffer d'avantage sans bouillir.* C'est-là le point qu'il nommait 1080 ou seulement 80 dans son thermomètre.

Deluc montre clairement dans son tableau qu'à la température de l'eau bouillante (notée 80 sur son thermomètre à mercure), un « vrai thermomètre de M. de Réaumur » n'indiquerait nullement 80, on pouvait s'y attendre, mais 100,4 ° ce qui en faisait presque un thermomètre centigrade, un comble ! Nous verrons (fig. 6.2), un thermomètre dit « de Réaumur » indiquant même 110 degrés dans l'eau bouillante !

Deluc, se rendant bien compte que l'on continuerait à fabriquer des thermomètres à alcool, dont il ne contestait d'ailleurs pas les avantages (prix, lisibilité, facilité de remplissage) indique dans la colonne centrale de son tableau comment graduer ce type de thermomètre en le comparant à celui au mercure car il se plaignait des méthodes utilisées de son temps :

> Il est vrai que la plupart des ouvriers en verre, occupés de travaux fatigants & dont les mains sont presque toujours sales d'huile ou de noir de fumée, ne sont guère en état de faire eux-même des échelles exactes et propres. C'est ce qui leur fait employer le plus souvent ces échelles imprimées ou ces montures dont l'échelle, tracée au hazard, est couverte de vernis. Or quelle exactitude peut-on attendre d'une pareille pratique !

Il ne se faisait pourtant pas trop d'illusions :

> Cette fabrication est pour eux un métier, chaque métier a ses habitudes & l'on a plus de gain à les suivre qu'à chercher la perfection.

Finalement, qu'appelle-t-on « thermomètre de Réaumur » ?

La démolition en règle de Réaumur par Deluc était un coup de grâce à la *méthode* de ce dernier mais c'était poignarder un cadavre car cette méthode était déjà morte depuis des dizaines d'années. Tout le monde utilisait des thermomètres dits « de Réaumur » à l'alcool ou au mercure (ce dernier étant celui préconisé par Deluc) *en se contentant de les graduer sans états d'âmes de 0 à 80 °R dans la glace fondante et l'eau bouillante.*

On comprend bien que les manuels modernes qui nous disent que l'eau bout à 80 ° sur le thermomètre de Réaumur ne parlent que de la seule chose qui subsiste de sa méthode, la division en 80 °. Tout le monde a oublié depuis 250 ans le « vrai thermomètre de Réaumur ». Et dire que ce grand savant s'était donné tant de mal à graduer son énorme thermomètre en se servant de pipettes soigneusement étalonnées ! Pis encore, son nom n'est attaché, au mieux, qu'à son thermomètre douteux et non à ses autres inventions, bien plus judicieuses et dignes de lui.

Chapitre 6

LA GRADUATION CENTIGRADE

Rencontre de trois thermomètres en Laponie !

Vous avez découvert dans des lieux pleins d'ennui
Ce que Newton savait sans sortir de chez lui

Voltaire

Revenons un peu en arrière, au temps des premiers thermomètres de Réaumur. En 1736, une expédition restée célèbre et animée par Monsieur de Maupertuis se rendit en hiver en Laponie pour mesurer une fraction de méridien terrestre, ainsi que la fréquence des battement d'un pendule. Il s'agissait rien moins que de s'assurer que la Terre était aplatie près des pôles comme le prétendait Newton, ce qui aurait confirmé sa théorie de l'attraction universelle. Les membres de l'expédition avaient obtenu du roi de Suède d'être accompagnés de l'excellent astronome Celsius[1] de l'université d'Uppsala en tant que spécialiste ainsi que de traducteur, les Lapons ne parlant habituellement ni le français ni le latin.

La fréquence des battements d'un pendule dépendent de sa longueur, elle-même sensible à la température. À son retour, Maupertuis nous conta ses expériences, réalisées

1. Anders Celsius (1701-1744) : astronome, météorologue et géographe. Son nom est une version latine du lieu d'origine de sa famille.

dans une cabane en rondins, sous un froid glacial. Dans son récit, il précisa les thermomètres qu'il avait emportés avec lui[1]. Bonne occasion pour nous de repérer trois thermomètres en compétition à son époque.

> On résolut de conserver toujours la pendule dans la même température.[…] Il fallait jour et nuit avoir l'œil sur les thermomètres pour augmenter le feu ou faire entrer l'air extérieur dans la chambre. […] On commenca le 6 à régler le feu dans la chambre des expériences, par le moyen de deux thermomètres de mercure, dont on s'est servi dans ces expériences, tant au Cercle Polaire qu'à Paris : l'un de la construction de M. l'abbé Nollet, *d'après les degrés déterminés par M. de Réaumur*, l'autre de M. Prins[2]. Ces thermomètres sont gradués différemment. Dans celui de M. l'abbé Nollet, le terme de la congélation est marqué 0, dans celui de M. Prins ce même terme est marqué *32*. Dans l'un & dans l'autre, les nombres croissent comme les degrés de chaleur ; et un degré de celui de M. l'abbé Nollet en vaut à peu près deux de celui de M. Prins.[…] Enfin, on a attaché au dedans de la boîte un thermomètre de mercure dans lequel le terme de l'eau bouillante est marqué 0 & les nombre *croissent avec les degrés de froid.* M.Graham, en nous envoyant cet instrument, y joignit un mémoire des expériences qu'il avait faites à Londres avec.

Pour la mesure du méridien, toutes les mesures d'angles nécessaires étaient terminées à l'approche de la Noël 1736, mais il fallait encore mesurer une base sur la rivière gelée de Tornea[3] :

---

1. *La figure de la terre déterminée par les observations faites par ordre du Roy au cercle polaire*, Paris, 1738.
2. Hendrik Prins était un artisan d'Amsterdam qui continua la fabrication des thermomètres de Fahrenheit après la mort de ce dernier, survenue l'année même de cette expédition.
3. Le fleuve passant à Tornea (Tornio) sépare la Suède de la Finlande. Il s'agissait de la détermination d'une série de triangles, mais la connaissance très précise d'au moins un côté (base) était indispensable.

> [...] Mr Camus, aidé de M. l'abbé Outhier, employa le 19 & le 20 à ajuster huit perches de 30 pieds chacune, d'après une toise de fer que nous avions apporté de France & qu'on avait soin pendant cette opération, de tenir dans un lieu où *le thermomètre de M. de Réaumur était à 15 degrés au-dessus de zéro* & *celui de M. Prins à 62 degrés*, ce qui est la température des mois d'Avril & Mai à Paris[1].

De ce qui précède, on peut conclure que Maupertuis et son équipe se servirent en 1736 de trois thermomètres *totalement différents*, gradués selon *Réaumur*, *Fahrenheit* et *Graham*, l'indication de ce dernier allant en *décroissant* lorsque la température augmentait. George Graham, contrairement aux apparences, n'était pas un farfelu puisqu'il s'agissait d'un horloger célèbre en son temps et membre de la *Royal Society of London*.

Des thermomètres gradués à l'envers !

C'est la première fois que nous rencontrons un thermomètre qui, pour nous, est gradué « à l'envers ». Bonne occasion pour essayer de comprendre comment des hommes d'une haute intelligence ont pu inventer des échelles apparemment farfelues !

Il se fait qu'en 1721, le tzar Pierre le Grand avait invité un certain Joseph Nicolas Delisle (1688-1768) à se rendre à Saint-Pétersbourg pour occuper le poste de directeur de son observatoire. Delisle, astronome de premier plan, était à l'époque professeur au Collège de France et ne demandait qu'à s'expatrier, sa bourse étant fort plate. Il attendit cependant l'éclipse totale de soleil de 1724 avant de se mettre en route. À cette occasion et avec l'aide de son frère aîné Louis, il fabriqua un

1. 62 ° F font seulement 13 1/3 °R selon nos critères actuels.

thermomètre à alcool qui indiquait *0 ° dans l'eau bouillante* et *100 ° dans les caves de l'observatoire de Paris* (page 28). Il s'agissait sans doute du premier thermomètre *centigrade,* au sens propre.

Delisle ne s'installa à Saint-Pétersbourg qu'en 1726, mais il y resta 21 ans, puis revint à Paris après avoir eu beaucoup de mal à se faire payer ses appointements[1]. C'est en Russie vers 1730 qu'il inventa un thermomètre qu'il présenta sous ce titre fort obscur à première lecture :

> Les thermomètres de mercure rendus universels, en leur faisant en tous temps la quantité dont le volume du mercure est diminué par la température présente de l'air au dessous de l'étendue qu'il a dans l'eau bouillante[2].

En fait, son thermomètre est cette fois *à mercure,* mais calibré comme le précédent de façon à indiquer *0 ° dans l'eau bouillante* (fig. 6.1). Bien entendu, Delisle savait, comme Fahrenheit, que la température de cette eau bouillante variait avec la pression atmosphérique et il en tenait compte.

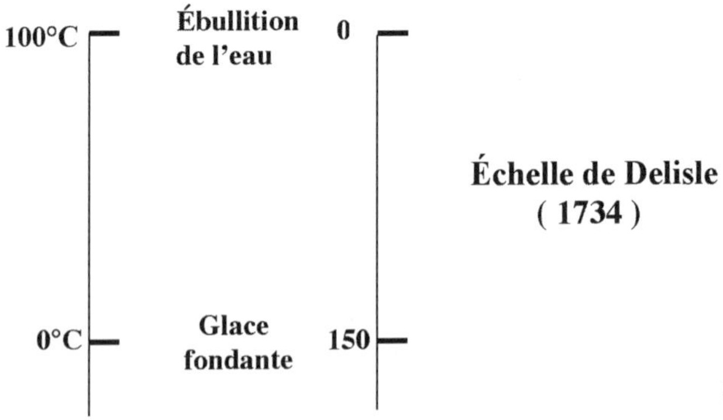

Fig. 6.1

1. Ses recherches parurent sous le titre : *Mémoires pour servir à l'histoire et au progrès de l'Astronomie, de la Géographie et de la Physique,* Saint-Pétersbourg, 1738.

2. Manuscrit lu à l'Académie des Sciences de Paris en 1734.

Il ne choisit pas d'autre point de référence car contrairement à Fahrenheit qui avait défini ses degrés par d'affreux tâtonnements, Delisle décida de se baser sur le phénomène qui est visible dans le thermomètre, à savoir *la dilatation du liquide,* ce qu'avait fait Hooke bien avant lui. Dans ce but, par temps froid, ayant *complètement* empli le bulbe et le tube, il pesait le mercure qu'il contenait. En plongeant le thermomètre dans l'eau bouillante et le mercure se dilatant, une petite quantité en sortait, quantité qu'il pesait également. En refroidissant à nouveau le thermomètre, il parvenait à graduer ce dernier en fractions égales du volume total. Il ne pouvait atteindre une précision convenable que pour de gros thermomètres[1].

Pendant l'hiver 1738-1739, Delisle demanda à un ami, Josias Weitbrecht, d'immerger de temps en temps un de ces thermomètres dans l'eau qui coulait sous la glace de la Neva ; il préférait sans doute rester au chaud dans son laboratoire. Cette température, que l'on peut assimiler à celle de la glace fondante, resta constante tout l'hiver, le thermomètre indiquant pratiquement 150 degrés.

C'est ce même Weitbrecht qui, après de multiples essais, proposa logiquement de fabriquer les thermomètres de Delisle en utilisant simplement *deux points,* marquant 0 ° à l'ébullition de l'eau, 150 ° à son point de congélation et en extrapolant jusqu'à 200 °, car à Saint-Pétersbourg en hiver, il fait bien plus que geler !

Plus tard, M. Deluc, toujours lui, résuma la situation :

> Dans le vrai thermomètre de Delisle, le zéro est placé à l'eau bouillante & les degrés, marqués en descendant, font des

1. Il n'est pas dit qu'il aurait utilisé cette méthode compliquée s'il avait disposé à Saint-Pétersbourg de caves de la qualité de celles de Paris, mais ce n'était pas le cas.

10 000es parties du volume du mercure à cette température. Mais j'ai appris par MM. Mallet & Pictet, à leur retour du voyage qu'ils ont fait au Nord de la Russie pour y observer le passage de Vénus, que l'on a abandonné la construction prescrite par l'auteur de ce thermomètre & que ceux que M. Braun a employés dans ses expériences[1], ainsi que tous ceux qu'on fait aujourd'hui en Russie, quoique appelés toujours Thermomètre de Delisle, sont simplement divisés en 150 parties entre l'eau bouillante & la congélation, & que leur échelle se prolonge au-dessous de ce dernier point en continuant à compter depuis zéro qui est aussi à l'eau bouillante.

Au fond, dans les pays du Nord, la notion de froid est, dans les têtes, aussi importante que celle de chaud. Un thermomètre destiné à mesurer la température de l'air et *ne comportant jamais de valeur négative,* quelles que soient les circonstances, était en soi une excellente idée. C'était certes le cas du thermomètre de Fahrenheit, mais jusqu'à – 18 °C environ, ce qui couvre les cas courants. Le thermomètre de Delisle, que l'on pourrait appeler le « thermomètre russe » était parfait à cet égard, les très basses températures se situant entre 150 (glace fondante) et 200 degrés.

Celsius et son thermomètre centigrade « à l'envers »

Celsius, qui s'était servi au cercle polaire des graduations de Réaumur, Fahrenheit et Graham, possédait aussi deux thermomètres de Delisle que ce dernier lui avait envoyés en 1737. Les thermomètres sont destinés à être cassés un jour mais, par miracle, un de ceux-çi nous est parvenu intact,

1. Sur la congélation du mercure.

gradué de 0 ° (« Chaleur d'eau bouillante ») à 205 °, en passant par 100 ° (« Première gelée »). Il est clair que la graduation de ce thermomètre pour les grands froids n'avait rien d'excessif, car Celsius releva 192 ° à Uppsala pendant le rude hiver de 1740[1].

En bon homme du Nord, il semble qu'après mûre réflexion et bien des expériences sur la fusion de la glace et l'ébullition de l'eau, il ait opté pour le système de repérage dit « de Delisle », mais en attribuant 100 degrés seulement à la température de la glace fondante au lieu de 150[2].

En résumé, *le thermomètre de Celsius indiquait 0 degré à l'ébullition de l'eau et 100 degrés à sa congélation, le contraire de ce qu'on lui attribue de nos jours.* Cependant, on ne peut nier qu'il était parfaitement « centigrade », au sens strict.

Enfin de « vrais » thermomètres centigrades !

Le thermomètre « centigrade » de Micheli Du Crest

L'ingénieur militaire suisse Micheli Du Crest se battit en faveur de la souveraineté du peuple face au régime oligarchique de Genève, ce qui lui valut de croupir en prison pendant dix-huit ans. Cette prison n'était pas un cachot ; il en profita, si l'on peut dire, pour étudier ce qui était à sa portée. Il pensait que la température de la Terre, et donc celle de tous les

1. La célèbre université d'Uppsala, crée en 1477, est située à 60 km au nord de Stockholm. Ce thermomètre est conservé à l'institut météorologique de cette université.

2. Andreas Celsius, *Observation de deux graduations constantes d'un thermomètre*, comptes rendus de l'Académie suédoise des Sciences, Uppsala, 1742.

souterrains, était le point de référence le mieux choisi pour le thermomètre car situé entre les extrêmes du froid et du chaud. Pour cette raison, vers 1740, il conçu un thermomètre à alcool *à échelle centigrade* dont le zéro était la *température des caves* de l'observatoire de Paris (page 28) et qui indiquait *100 ° dans l'eau bouillante*[1]. Ce thermomètre fut peu utilisé.

Le thermomètre « centigrades » de Christin

Voyons plutôt ce qui se passait en France au moment même où, en Suède, Celsius inventait son échelle centigrade « inversée ». Un spécialiste français nous dit ceci :

> Jusques là, il ne paraît aucun point fixe pour graduer les thermomètres ! Aussi voit-on les thermomètres de MM. de Réaumur, Fahrenheit et Delisle entre les mains de tout le monde et également estimés. N'y aurait-il pas une règle dans la nature qui déterminât cette graduation ? C'est une question que M. Christin de la Société Royale de Lyon se proposa de résoudre en 1743 et sa solution donna l'être à un thermomètre annoncé avec éclat dans les journaux de cette année sous le nom suivant : *thermomètre de Lyon*[2].

En réalité, le sieur Christin avait repris la méthode « volumétrique » de Réaumur, mais en utilisant du mercure que ce dernier avait négligé pour les raisons qui ont été mentionnées. Selon un contemporain :

> M. Christin a reconnu qu'une quantité de mercure condensée par le froid de la glace pilée puis dilatée par la chaleur de l'eau bouillante formait dans ces deux états deux volumes qui étaient entre eux comme 66 à 67 et qu'un volume de 6 600 parties

1. Jacques-Barthélemy Micheli Du Crest (1690-1766), *Description d'un Thermomètre universel*, 1741.

2. *Dictionnaire universel de mathématiques et de physique*, Saverien, 1753. Jean Pierre Christin (1683-1755) était secrétaire de l'Académie des Sciences, Belles-Lettres et Arts de Lyon.

> condensées devint par la dilatation 6 700 parties. *La différence 100 de la condensation à la dilatation* est le nombre de degrés qu'il donne à l'échelle d'un nouveau thermomètre à mercure entre ces deux points[1].

À cette occasion, Christin écrivit modestement :

> Si le public veut adopter la nouvelle division en 100 degrés, je pense qu'il fera bien, et si, au contraire, il ne le veut pas, je n'en serai pas fâché : j'aurai toujours la satisfaction d'avoir fait de mon mieux.

Ce thermomètre fut un peu connu en France avant la révolution sous le nom de *thermomètre de Lyon,* mais aussi de *Londres,* car les physiciens anglais en avaient utilisé un certain nombre. Un de ces thermomètres a d'ailleurs survécu, conservé au Science Museum de Londres. Une étiquette accolée à l'échelle indique :

> Thermomètre de Lyon divisé selon la mesure de la dilatation du mercure trouvée en 1743 par M. Christin de la Société Royale de Lyon. Fait par Pierre Casati.

Chose remarquable, bien qu'il soit le seul à avoir inventé du premier coup notre thermomètre centigrade avec ses repères modernes, *il est de nos jours impossible au public de savoir quoi que ce soit du sieur Christin,* son nom ne figurant, à notre connaissance, dans aucun dictionnaire, encyclopédie ou biographie générale moderne et accessible au public[2].

Le thermomètre centigrade à la sauce suédoise

Revenons à l'échelle d'Anders Celsius. Juste après sa mort, survenue en 1744, le professeur Märten Strömer, son

1. Borde, président de l'Académie de Lyon. *Mémoires de Trévoux,* juillet 1743.

2. On trouve une courte biographie dans le *Dictionnaire de biographie française,* éditions Letouzey, 1956.

successeur à l'université d'Uppsala et Daniel Ekström, un fabricant d'instruments de Stockholm, mirent son échelle « à l'endroit » et la dénommèrent *Celsius Novum*. En tout cas, il est clair qu'à partir de 1750, le thermomètre de Celsius « à l'envers » ne fut plus jamais utilisé à Uppsala.

Le célèbre naturaliste Linné se fit l'ardent défenseur de la nouvelle graduation. Bien plus, en 1758, dans sa correspondance avec François Boissier de la Croix de Sauvages, un botaniste de Montpellier, il affirma en être l'inventeur :

> Je fus le premier qui décida de construire nos thermomètres dans lesquels le point de congélation est 0 et la chaleur de l'eau bouillante 100 et ceci pour les serres de notre jardin. Je suis sûr que, si y étiez habitué, ils vous plairaient[1].

Quoi qu'il en soit, la nouvelle échelle centigrade « suédoise », identique à celle que nous utilisons, revenait exactement à celle de Christin, mais pour des raisons totalement différentes.

Le thermomètre à la veille de la Révolution

Il est grand temps de résumer la situation des thermomètres à la veille de la Révolution française. En France, le thermomètre de Réaumur, sous l'influence pesante de l'Académie des Sciences, est le thermomètre officiel ; mais il s'agit en fait de celui de Deluc. Ce thermomètre, gradué de 0 à 80, est aussi largement utilisé par les savants allemands. Dans les autres pays, le thermomètre de Fahrenheit est en haute estime ; il est naturellement le seul utilisé en Hollande, en Grande Bretagne et aux États-Unis, où il s'est introduit par les bagages des immigrants. Le thermomètre de Celsius, remis à l'endroit, est de mise à Uppsala, mais est autant dire

---

1. Cette lettre resta inédite jusqu'en 1844, date à laquelle F. Arago en fit lecture devant l'Académie des Sciences de Paris.

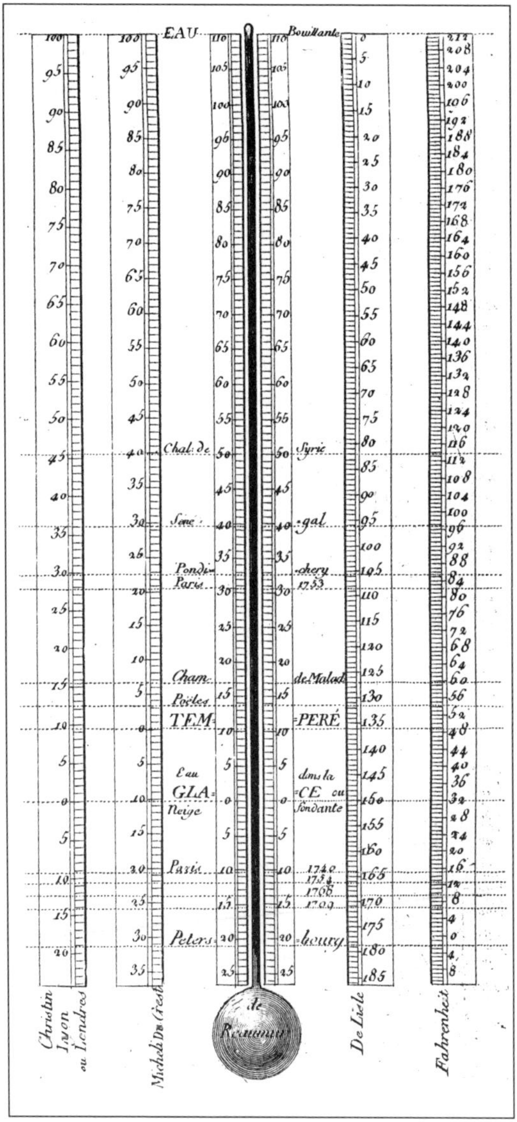
EAU
Bouillante
Chal: de
Syrie
Sene
gal
Pondi
chery
Paris
1753
Cham
de Malad
Poëles
TEM
PERÉ
Eau
dans la
GLA
CE ou
Neige
fondante
Paris
1740
1754
1768
1709
Peters
bourg
Christin Lyon ou Londres
Michel Du Crest
de Reaumur
De Lisle
Fahrenheit

Fig. 6.2

inconnu à Paris. On parle parfois de celui de Christin et de celui de Du Crest.

À cet égard, voici l'opinion d'un spécialiste, parue dans une vaste encyclopédie datant de 1775[1]. Après avoir cité et commenté pas moins de *17 graduations différentes*, il se contente de défendre le thermomètre à mercure et les deux points fixes « ébullition de l'eau et glace fondante ».

> Voilà donc deux termes de chaleur constants, bien fixés et bien déterminés et il est évident que tous les thermomètres qui seront gradués sur ces principes seront comparables entre eux. Car il importe peu dans le fond que l'intervalle compris entre ces deux points soit divisé en tel nombre de parties qu'on voudra, pourvu qu'on y emploie le même fluide savoir, le mercure & qu'on détermine de la même manière les termes fixes dont nous venons de parler, les différences numérique de la graduation ne peuvent pas induire en erreur. Cependant, comme les échelles de Fahrenheit et de Réaumur sont admises aujourd'hui pour les observations ordinaires, il convient de les conserver.

On trouvera (fig. 6.2) une extrait de cet ouvrage dans lequel les graduations de Christin, Micheli Du Crest, Delisle et Fahrenheit sont comparées à celles d'un thermomètre de référence dit « de Réaumur »[2].

La graduation centigrade imposée par la Terreur

En 1793, pendant la Terreur, la Convention impose le *système métrique décimal*. Toutes les mesures de France doivent être « décimalisées » et les anciennes unités, souvenir des « tyrans », proscrites et détruites. Dans la foulée, le

1. *Encyclopédie ou dictionnaire raisonné des connaissances humaines.* Mis en ordre par M. de Felice, éd. Yverdon, 1775.

2. Attention. Sur ce thermomètre « de Réaumur » inventé par l'auteur, l'eau bout à 110 degrés !

pauvre thermomètre « de Réaumur », manifestement royaliste, passe aussi à la guillotine[1] ; ses 80 degrés séparant la congélation de l'eau de son ébullition deviennent simplement 100 degrés. La décision est prise le 12 germinal an II[2] :

> Le degré thermomètrique sera la centième partie de la distance entre le terme de la glace et celui de l'eau bouillante.

On remarquera ici que notre graduation centigrade est née officiellement en France *sans faire référence ni à Celsius, ni à Linné, ni à Christin* mais *par une décision purement politique*. Elle n'a jamais fait partie du système métrique car ce dernier s'adressait à une population qui ignorait l'existence du thermomètre et n'en avait que faire, comme du système métrique d'ailleurs.

L'agonie de la graduation de Réaumur

Les physiciens français n'étaient pas tous pressés d'abandonner le thermomètre « de Réaumur », comme le disait l'un d'eux :

> Cette division en 100 degrés ne présente absolument aucun avantage et il me semble qu'il vaudrait la peine de préserver la vieille division en 80 adoptée par la toute grande majorité[3].

De 1815 à 1830 environ, les observations officielles à Paris se faisaient toujours en utilisant ce thermomètre proscit :

> Le thermomètre qui sert à mesurer la température de l'air extérieur, est exposé au nord, à 8 mètres environ au-dessus du sol, et dans une cage en bois autour de laquelle l'air circule librement. La graduation est *selon le système de Réaumur* ; elle a été

1. La réputation de Réaumur n'était plus soutenue par l'Académie Royale des Sciences, cette dernière ayant été supprimée.

2. 1er avril 1794. Le calendrier et la montre aussi étaient décimalisés avec des « semaines » de 10 jours et des heures de 100 minutes.

3. Honoré Flaugergues, *Journal de physique*, 1816.

> vérifiée au moyen d'un excellent instrument, construit par Gay-Lussac. Dans les tableaux suivants, les degrés ont été *réduits à ceux de l'échelle centigrade*[1].

Les savants allemands, qui n'avaient cure de la décimalisation du thermomètre et d'ailleurs du système métrique en général, étaient manifestement du même avis. Encore en 1842, un savant allemand nous indique sa façon d'observer la pression et la température de l'air dans l'extrême Nord de la Russie :

> Les observations ont été faites entre 6 h et 8 h du matin, vers 2 h après midi, et à 9 h du soir. Baromètre de Ritches, divisé en pouces anglais, suspendu à une hauteur de 10 pieds au-dessus du sol. Thermomètre du baromètre et thermomètre libre, tous deux divisés selon Réaumur[2].

La graduation de Réaumur fut donc utilisée en Allemagne bien plus longtemps qu'en France, comme nous l'indique la revue *La nature* en 1893 :

> Nous apprenons que le Gouvernement prussien vient de rendre légal le système thermométrique centigrade ou de Celsius, comme on dit hors de France. Un mot d'histoire à ce propos : c'est au célèbre météorologiste Dove qu'est dû le reste de popularité que le système de Réaumur possède en Allemagne. Tout en reconnaissant les avantages de la division centésimale, il disait à ses jeunes disciples : « Après ma mort vous ferez comme vous voudrez, mais, de grâce, ne me forcez pas à changer mes habitudes, je suis trop vieux ».

On trouve encore dans les brocantes des baromètres/thermomètres décoratifs portant la double échelle Réaumur/

---

1. *Mémoire sur les observations météorologiques faites à l'observatoire de Paris par M. A. Bovard*,1827. Le thermomètre de Gay-Lussac est un thermomètre à air (page 11).

2. *Observations météorologiques faites à Arkhangel et communiquées par M. Kupffer*, Académie des Sciences de Saint-Pétersbourg, 1842.

centigrade. Ceux de ma génération ont encore appris à l'école à convertir les degrés centigrades en « Réaumur », *ce qui n'avait plus aucune utilité depuis au moins 150 ans.* On peut se demander quelle était la cause de cette obstination ridicule dans les pays francophones.

À l'enterrement du thermomètre de Réaumur, le mètre prend un sérieux coup de froid !

Le système métrique décimal, décidé sous la Terreur, était, cela va sans dire, basé sur le *mètre* nouvellement inventé. Ce dernier était par principe une division du méridien de Paris, mais en pratique une fraction de l'ancienne toise. Toute la précision du nouveau système républicain étant basé sur la mesure exacte de cette barre qui, comme tous les métaux, s'allongeait un petit peu lorsque la température augmentait.

Le citoyen-astronome Delambre, une des chevilles ouvrières du système insistait beaucoup sur ce point :

> La toise dont il s'agit ici est celle qui est connue sous le nom de toise de l'Académie et qui a servi pour les mesures des bases de l'arc terrestre au Pérou et pour celle des bases de la méridienne de France. Cette toise est de fer et l'on doit remarquer que les deux bases ont été mesurées lorsque la température était de *13 degrés du thermomètre de Réaumur ;* d'où il est clair que le mètre doit être rapporté à la toise prise à cette température. Mais l'on peut désirer que l'étalon ait la longueur requise lorsque le thermomètre marque un autre degré que 13. La commission des poids et mesures a pensé qu'il convenait de prendre pour point fixe la température à 10 degrés du thermomètre centigrade[1].

1. M. Delambre, *Base du système métrique décimal,* imprimerie Baudouin, Paris, 1810. Il est à noter qu'à l'époque le yard étalon anglais était pratiquement mesuré à la même température, à savoir 62 ° de Fahrenheit.

Les 13 ° de Réaumur, autrement dit 16 1/4 °C, correspondaient autrefois à peu près à la température moyenne en France. C'est par pure idéologie que la température de + 10 ° centigrade fut décrétée car, pour les sans-culottes, tout devait avoir une allure décimale ; c'était aussi, jacobinisme aidant, presque la température moyenne à Paris. Bien plus tard, il fut décidé de mesurer le mètre à 0 °C autrement dit dans la glace fondante ; il s'agit alors du fameux mètre de platine « iridié » dont les petits Français apprenaient autrefois la définition par cœur. Tout ceci n'a plus qu'une valeur historique, le mètre étant, de nos jours, une fraction de la distance que la lumière parcourt par seconde.

Faut-il dire centigrade, centésimal ou Celsius ?

De nos jours, faut-il dire degré *centigrade* ou degré *centésimal* ? Degré *centigrade* ou degré *Celsius* ? Nous estimons que *centigrade* est parfait car bien connu de tous et dans toutes les langues, quoique Celsius fasse clairement plus moderne. Mais il y a d'autres considérations qui tiennent à l'histoire et qui méritent d'être exposées ici.

Centigrade ou centésimal ?

Il s'agit d'une petite querelle linguistique qui concerne uniquement les Français (et même pas les autres francophones).

On vit en effet apparaître en France à une certaine époque une tendance à remplacer le terme centigrade par *centésimal*, soit-disant plus correct car faisant pendant à *décimal*. Or, s'il existe bien un système métrique décimal, mode de calcul imposé pendant la Révolution française, il n'existe pas pour le thermomètre de système centésimal.

Des ouvrages élémentaires de physique avouaient parfois la vraie raison de ce purisme :

> Il ne faut jamais dire centigrade ; le centigrade est la centième partie du grade, unité d'angle[1].

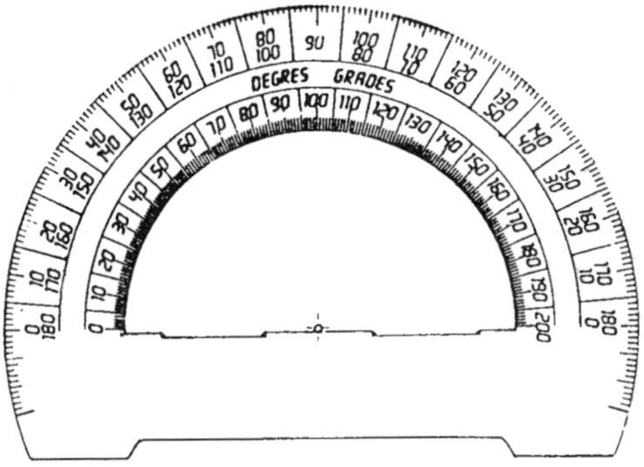

Fig. 6.3

Cette division de l'angle en grades est en réalité une « exception française » inventée pendant la Révolution par une poignée d'astronomes. Ces derniers considéraient que l'angle droit devait être divisé en 100 grades au lieu de 90 degrés ; c'est cette division qui est d'ailleurs la base de la définition du mètre et la raison pour laquelle le tour du globe fait 40 000 km[2]. Elle fut réaffirmée en France en 1919, sans doute dans l'ivresse de la victoire, mais elle a en principe totalement disparu depuis 1948. On retrouve parfois son fantôme sur certains rapporteurs français (fig. 6.3), sur les cartes militaires françaises ou dans les calculettes (japonaises) qui se veulent inutilement complètes.

1. M. Eurin et H. Guimot, *Physique*, Hachette, 1951.

2. Le quart du méridien (100 grades au lieu de 90 °) faisait 10 000 km, par définition.

On l'aura compris, il n'y a jamais eu de bonnes raisons d'adopter « centésimal » puisque dans le monde entier ce mot a toujours été bien compris et se rapporte exclusivement à la température.

Celsius contre Centigrade

Lorsqu'on lit quelque part °C, faut-il prononcer degré *centigrade* ou degré *Celsius ;* il s'agit de la même lettre. Étant partisan d'un maximum de liberté dans le langage, nous estimons que les deux sont bons, dès qu'aucune confusion n'est possible, ce qui est habituellement le cas. Encore faudrait-il savoir de quoi il s'agit.

Le terme *centigrade* indique clairement, comme nous l'avons vu à diverses reprises, une échelle sur laquelle l'espace entre deux températures repères est divisée en 100 parties que l'on nomme grades ou degrés. Cela, personne ne le contestera.

Les métrologues ont fait de tels progrès dans la précision des mesures, qu'ils ont considéré comme obsolète, pour ne pas dire ringarde, la méthode consistant à regarder l'eau geler ou bouillir. Ils ont donc décidé *d'éliminer totalement l'eau bouillante* ou la vapeur qui s'en échappe comme point de repère. Pour la glace fondante, ils ont hésité et se sont rabattu sur le *point triple de l'eau* qui s'en écarte de *0,01* °C mais est plus précis. Nous en reparlerons à la fin de cet ouvrage.

Constatant qu'il n'existait plus rien à partager en cent parties égales, ils ont décidé à la Conférence générale des poids et mesures de 1948 que dans le Système International d'unités le mot centigrade devait *disparaître* au profit de celui de Celsius. Il s'agissait d'éviter *aux métrologues* et à eux seuls tout risque de confusion. On peut retenir, si l'on veut, que 0 ° Celsius vaut 0,01 ° centigrade mais cela n'intéresse nullement le commun des mortels qui, de toute façon, n'utilisent pratiquement jamais les unités recommandés par le Système International.

Il est donc indifférent, lorsqu'on lit **.. °C**, de prononcer « degré centigrade » ou « degré Celsius ». Tiens, puisque le **C** porte à confusion, pourquoi ne pas dire « degré Christin » pour se singulariser ?

Celsius contre Fahrenheit : victoire aux points ?

Un universitaire français, professeur de faculté des sciences ose écrire dans un ouvrage de physique, à propos de l'échelle de Fahrenheit :

> [...] la glace fondante y est à 32 °F et l'eau bouillante à 212 °F, il en résulte que notre degré civilisé vaut 1,8 °F (ou encore que le °F vaut 0, 555 °C).

En réalité, on constate que l'échelle de Fahrenheit est manifestement supérieure lorsqu'il s'agit de mesurer les deux températures qui intéressent le commun des mortels, à savoir la température de l'air ambiant et celle du corps car il est plus intuitif de faire commencer la fièvre vers 100 degrés que vers 38. De plus, cette échelle évite presque toujours les valeurs négatives ainsi que pas mal de valeurs fractionnaires grâce à sa plus vaste échelle (180 graduations au lieu de 100). De plus, pour un thermomètre avec échelle de Fahrenheit destiné à mesurer la température *de l'air*, l'échelle est pratiquement centigrade (au sens propre) puisqu'elle va en gros de 0 °F à 100 °F.

Par contre, il est vrai que l'eau gelant à 0 degrés et l'eau bouillant à 100 degrés frappent l'imagination puisque ces phénomènes sont bien visibles et font partie de la vie de tous les jours. Cependant, le profane ne peut trouver en pratique de thermomètre indiquant à la fois ces deux valeurs. En tout cas, le degré centigrade, pardon Celsius, seul utilisé sur le plan scientifique, est en train de grignoter (très lentement) son concurrent aux États-Unis. Pour un fabricant de thermomètres, que ces derniers soient mécaniques ou électroniques, cela ne coûte pas plus cher d'offrir une double échelle et permet d'en vendre plus ; la situation actuelle perdurera donc sans doute bien longtemps. D'ailleurs tout calcul étant fait désormais par ordinateur, ce dernier se charge sans problème de cette conversion enfantine pour lui.

Chapitre 7

À LA RECHERCHE DU DEGRÉ ZÉRO

Un zéro très froid ?

Ce qu'il y a d'un peu irritant chez notre thermomètre, c'est que, contrairement à la balance ou au mètre, il ne possède pas de véritable zéro. Bien sûr, nos deux échelles contemporaines, celles de Celsius et de Fahrenheit, en possèdent un, mais chacun se rend compte que choisir comme repère de la glace en train de fondre ou un réfrigérant douteux ne sont que des pis aller que n'importe qui peut remettre en question.

Lorsque des gens imaginatifs voient le liquide de notre thermomètre se contracter continuellement au fur et à mesure que la température s'abaisse, ils se disent qu'il doit bien exister une température extrêmement basse pour laquelle le volume de l'alcool ou du mercure dans le bulbe se réduit à fort peu de chose, sans toutefois s'annuler, ce qui ferait tout de même désordre. Par contre, s'il s'agit d'un *gaz*, l'idée ne semble pas vraiment absurde, aussi tous ceux qui se sont posé la question du « vrai zéro » du thermomètre se sont-ils tournés vers le thermomètre *à air* qui est le plus ancien de tous.

Jusqu'où l'air peut-il se contracter ?

Il faut d'abord noter qu'un gaz comme l'air peut subir des écarts énormes de température sans se liquéfier et sans s'évaporer (il l'est déjà !). Ensuite, étant environ 20 fois plus dilatable que le mercure, la déformation du récipient dans lequel il se trouve est quasi négligeable ce qui permet en principe plus de précision. Enfin, sa dilatation est *parfaitement régulière*, contrairement aux liquides.

On peut donc reprendre le raisonnement déjà tenu abusivement pour les liquides : si l'on refroidit un gaz, ce dernier se contracte et doit nécessairement occuper *un volume autant dire nul à une température très basse, inconnue et à déterminer.*

Il fallait donc expérimenter pour déterminer dans quelle proportion ce volume se réduisait pour chaque chute de un degré, quel que soit d'ailleurs ce degré. Ici interviennent Amonton et Charles, personnages fort peu connus, qui vinrent donner un sérieux coup de main.

Amonton et sa loi

Guillaume Amonton (1663-1705) était sourd ou presque, mais il n'était pas loin de considérer son handicap comme un avantage car il lui permettait de se concentrer sur ses nombreux travaux, entre autres sur l'influence de la pression sur la température d'ébullition. Très tôt, il se rendit compte de la possibilité d'employer la dilatation des gaz pour fournir un travail mécanique comme l'indique clairement le titre d'un de ses mémoires, daté de 1702 : *Moyen de substituer commodément l'action du feu à la force des hommes et des chevaux pour mouvoir les machines.* Il s'agit bien entendu de l'idée clef de notre civilisation industrielle.

Ce qui nous intéresse ici, c'est qu'il fut aussi le premier à étudier sérieusement le thermomètre à air[1]. Il découvrit ainsi que dans un récipient fermé, donc *à* ***volume constant***, *la pression* suivait de façon régulière les variations de *température.* Il constatait entre autres qu'entre la température ambiante et celle de l'eau bouillante, cette pression augmentait d'un tiers environ.

Fig. 7.1

Il se servait dans ce but d'un thermomètre à air fort simple utilisant une colonne de mercure pour mesurer la pression (fig. 7.1). Lorsqu'il trempait la boule dans l'eau bouillante, l'air en se dilatant repoussait le mercure qui montait à une certaine hauteur au-dessus de son niveau dans la boule. Lorsque l'eau bouillante était remplacée par de la glace fondante, ce niveau descendait largement. Bien entendu, Amonton savait que le volume d'air ne restait pas tout à fait constant dans la boule puisque le niveau du mercure variait un peu ; pour cette raison, il rendait son thermomètre aussi sensible que possible en utilisant un tube d'un faible diamètre intérieur. Bien entendu, ce thermomètre comme tous les thermomètres à air faisait un peu baromètre, mais Amonton tenait compte des variations de la pression atmosphérique.

Il prétendait que l'*élasticité de l'air*, que nous nommons de nos jours *pression*, était due uniquement à la « chaleur » qu'il contenait. Pas de chaleur, pas de pression ! Si la pression est due à la chaleur, une extrapolation vers le bas jusqu'à une pression nulle aboutit au degré zéro de la « chaleur » ou de la température. Bien plus, Amonton supposait, sans pouvoir le prouver, que la pression était *exactement proportionnelle* à la température. Il indiquait ainsi, par une intuition hardie, la

1. *Remarques et expériences physiques sur la construction d'une nouvelle clepsydre, sur les baromètres, thermomètres et hygromètres*, Paris, 1695.

voie qu'ont suivie ses successeurs mais qui n'aboutit pleinement que près de 150 ans plus tard.

Charles et ses ballons

Chacun connait l'exploit de Joseph et Étienne de Montgolfier qui, en 1783, réussirent à décoller à bord de leur montgolfière et à parcourir quelques kilomètres dans les airs. Cela parvint, dit-on, aux oreilles du physicien Jacques Charles (1746-1823) qui n'hésita pas à remplacer l'air chaud par de l'hydrogène, passant de la montgolfière au ballon. On comprend que si l'on s'amuse à gonfler des ballons, l'on ne peut que s'intéresser à l'influence de la température sur le volume des gaz. C'est ainsi qu'en 1787, Charles repris le travail d'Amonton de 1695 et constata que *le volume occupé par un gaz augmente proportionnellement à sa température.* Ce n'est que des années plus tard que Gay-Lussac repris à son compte cette loi, tout en reconnaissant l'antériorité de Charles qui n'avait rien publié officiellement[1].

De combien l'air se contracte-t-il par degré ?

L'on s'est progressivement rendu compte que les lois d'Amonton (variation de pression à volume constant) et de Charles (variation de volume à pression constante) donnaient exactement le même résultat pour autant que l'on utilise des gaz loin de leur point de liquéfaction et aussi raréfiés que possible. L'air à cet égard convient fort bien, mais l'hydrogène encore mieux. Au fond, rechercher la température à laquelle la pression s'annule ou celle à laquelle le volume s'annule ne sont que deux faces d'un même

1. En France, la loi de Charles est inconnue sous ce nom ; on parle de loi de *Gay-Lussac*, sans doute à cause de la plus grande notoriété de ce dernier.

problème ; simplement, en pratique, la méthode d'Amonton est plus facile à mettre en œuvre que celle de Charles.

En 1779, le physicien Joseph Lambert, reprenant les idées d'Amonton, proposa une définition d'un zéro « absolu » basée sur une relation parfaitement linéaire entre la pression et la température. Il définit donc ce zéro comme *la température pour laquelle la pression s'annule* et cela en extrapolant les valeurs obtenues par l'expérience (fig. 7.2).

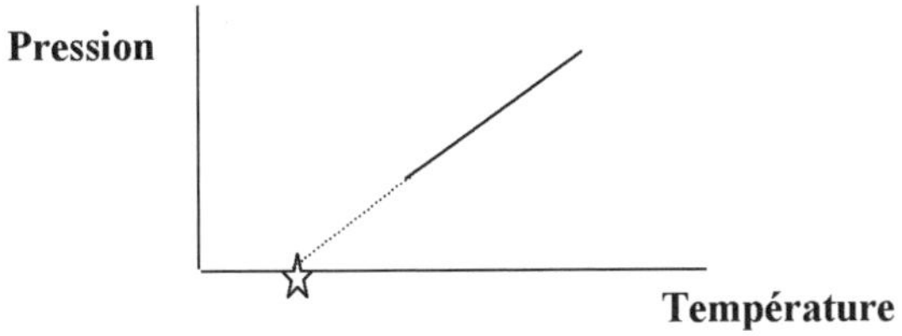

Fig. 7.2

Ces recherches occupèrent pas mal de physiciens, mais avec des fortunes fort diverses car l'humidité contenue dans l'air et sa condensation faussait totalement les mesures. En France en 1804, Gay-Lussac refit le même travail qu'Amonton et Charles et trouva que l'air se dilatait de 1/267 par degré centigrade. Il pensait, comme d'autres, que ce coefficient était le même pour tous les gaz, ce qui n'est vrai qu'approximativement. Dans les années 1850, un certain nombre de spécialistes dont Rudberg, Magnus, Pouillet et Regnault firent de nombreuses mesures tant à pression qu'à volume constant et trouvèrent cette fois une valeur de 1/273 par degré centigrade. On voit qu'il y a un siècle et demi le problème était quasiment résolu puisque c'est cette valeur qui est admise de nos jours.

Cela signifie bien entendu que le volume et la pression d'un gaz s'annulent, du moins théoriquement, à – 273 °C. Cette température est donc ***le vrai degré zéro*** *de l'échelle des températures.*

On aura aussi compris que pour calculer cette « vraie » température, que l'on nomme habituellement « absolue », il suffit d'ajouter 273 °C à la lecture d'un thermomètre centigrade. 0 °C devient ainsi 273 ° absolus, 100 °C deviennent 373 ° absolus, etc.

En 1887, suite aux travaux de P. Chappuis, le Comité International des Poids et Mesures adopta comme référence le thermomètre à hydrogène à volume constant qui est resté depuis la référence absolue.

Il faut remarquer que trouver ce vrai zéro des thermomètres est à la portée de tout lecteur un peu bricoleur, pour autant bien entendu qu'il ne vise à aucune précision (fig. 7.3). Pour faire l'expérience d'Amonton, il faut d'abord trouver un bidon métallique aux parois minces (pour que la chaleur se transmette), mais indéformables puisque nous voulons que ce volume ne change pas.

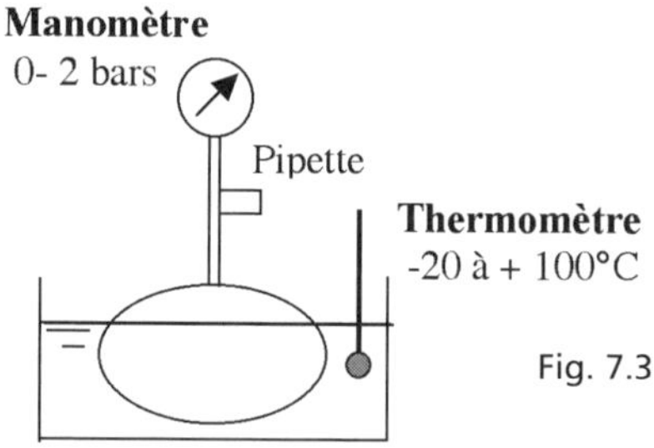

Fig. 7.3

Ensuite, il faut acheter un de ces manomètre utilisés pour vérifier les pneus de voiture mais en essayant d'en trouver un qui ne soit gradué que de 0 à 2 bars au plus, ce qui n'est pas très facile. Il faut aussi acheter ou récupérer une pipette de chambre à air pour pouvoir relâcher la pression. Souder ou visser le tout sur le bidon. Placer l'ensemble dans un bassin en compagnie d'un thermomètre gradué de – 20 °C à + 100 °C (il faudra bien chercher !).

Remplir le bassin d'eau bouillante. Le thermomètre indique évidemment 100 °C à peu de chose près. Noter la pression lorsque la température est stabilisée. Ajouter progressivement de l'eau froide en notant chaque fois la température et la pression. Arrivé à la température de l'eau froide dont on dispose, utiliser un mélange d'eau et de glaçons, puis un mélange de sel et de glace. Plus on ajoute de sel, plus la température s'abaisse, mais il est bien difficile de descendre en dessous de – 20 °C ce qui est dommage.

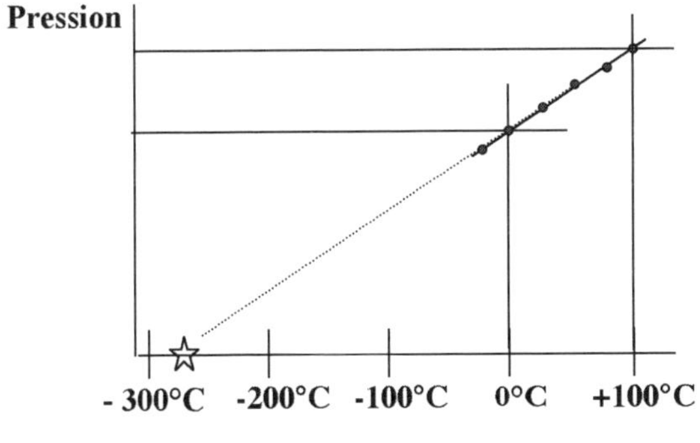

Fig. 7.4

En traçant la courbe de la pression en fonction de la température (fig. 7.4), le lecteur constatera qu'elle converge, mais très vaguement à vrai dire, vers les – 273 °C. On comprend tout de suite pourquoi il fallut un siècle et demi à des physiciens éminents pour déterminer la température zéro avec une précision acceptable : la moindre erreur dans l'inclinaison de la courbe fausse complètement le résultat !

Chapitre 8

LA TEMPÉRATURE ABSOLUE : À QUOI CELA SERT-IL ?

L'échelle de température absolue telle que nous venons de la présenter dans son développement historique est, au fond, simple et de bon goût. Son zéro est incontestable et elle se présente comme un simple prolongement de l'échelle centigrade. Certes, il est impossible de trouver un thermomètre gradué en degrés absolus, mais pour celui qui y tient absolument, il lui suffit d'ajouter 273 à la lecture du sien.

Fort bien, mais au fond, que représente au juste cette température absolue et pourquoi la pression qui sert à la mesurer dans un thermomètre à air en dépend-elle si étroitement ? Et puis surtout, *à quoi le fait de connaître la température absolue peut-il bien servir* ?

Pour répondre aux deux premières questions, il nous suffira de nous plonger un instant dans l'intimité des molécules. Par contre, pour répondre à la troisième, la plus terre à terre, il sera nécessaire de faire une toute petite incursion dans la *thermodynamique,* science truffée de mathématiques et de considérations subtiles, mais d'une importance considérable pour notre vie de tout les jours. Dans cette science, notre thermomètre, pour autant qu'il soit gradué en valeurs absolues, *est un témoin privilégié de ce qu'il est possible et impossible de demander à nos machines thermiques.* Cela nous concerne directement.

La température et la pression : deux mesures du chaos

La température

Il tombe sous le sens que lorsqu'on met en contact deux corps à des températures différentes, ces dernières ont tendance à s'équilibrer. Un thermomètre placé sous la langue finit par indiquer la température de la muqueuse à condition d'attendre patiemment. Ajouter de l'eau chaude à de l'eau froide donne de l'eau tiède, comme un peu d'encre versé dans un liquide finit par colorer toute la masse. Par analogie, on imaginait autrefois qu'une sorte de matière s'écoulait des corps chauds vers les corps froids, matière que les anciens physiciens nommaient *calorique.*

On finit tout de même par voir les choses autrement. Écoutons ce que nous dit en 1824 un certain Sadi Carnot :

> Lorsqu'une hypothèse ne suffit plus à l'explication des phénomènes, elle doit être abandonnée. C'est le cas où se trouve l'hypothèse par laquelle on considère le calorique comme une matière, comme un fluide subtil. [...] La chaleur n'est autre que la puissance motrice ou, plutôt, que le mouvement qui a changé de forme. *C'est un mouvement dans les particules des corps.*

Sadi Carnot, en reliant ce mouvement à la « puissance motrice » (des machines), créait d'une certaine manière la *thermodynamique,* mot dans lequel on trouve rapprochées les idées de chaleur et de force. La chaleur évoque l'agitation des molécules qui se fait *au hazard* et se transmet de proche en proche, comme la rumeur. Encore fallait-il le prouver.

Quelques années à peine après ces réflexions de Carnot, le botaniste anglais Robert Brown (1773-1858), observant des grains de pollen au microscope, ce qui n'a apparemment peu de chose à voir avec les machines, constata le mouvement désordonné de très fines particules[1]. Cet effet, nommé depuis *mouvement brownien*, fut constaté plus tard dans n'importe quel liquide, mais ne trouva pas d'explication à l'époque.

L'interprétation actuelle de l'agitation moléculaire dans les gaz suppose, dans le cas idéal en tout cas, que les molécules sont extrêmement éloignées les unes des autres, de telle sorte que leurs dimensions soient négligeables par rapport à l'espace vide qui les sépare. Un tel gaz, baptisé *gaz parfait*, car il arrange tout le monde, est presque réalisé par un gaz léger comme l'hydrogène à condition qu'il soit suffisamment raréfié. L'on a démontré que dans ce cas la température absolue augmente proportionnellement au *carré de la vitesse moyenne* des molécules. Elle traduit donc de façon fort précise l'état d'agitation de ces dernières.

La pression

Si l'on désire étudier un gaz, il faut évidemment l'enfermer dans un quelconque récipient. Ici intervient la notion de *pression* qui reflète à sa manière ce même mouvement aléatoire des molécules. En effet, si l'on imagine que l'une d'elles percute de façon élastique une paroi, elle ne peut que rebondir comme une bille de billard subissant une variation de quantité de mouvement, ce qui se manifeste sous la forme d'une force (fig. 8.1). La pression, autrement dit la force rapportée à l'unité de surface de la paroi, peut donc être considérée comme *résultant de la moyenne statistique des chocs d'un grand nombre de molécules.* Il est donc tout naturel, comme le disait Amonton sans connaître cette théorie, que *la*

1. *A brief account of [...] and on the general existence of active molecules in organic and inorganic boddies,* Edimburg New Philosophical Journal, 1828.

pression exercée par un gaz sur les parois soit proportionnelle à la température absolue.

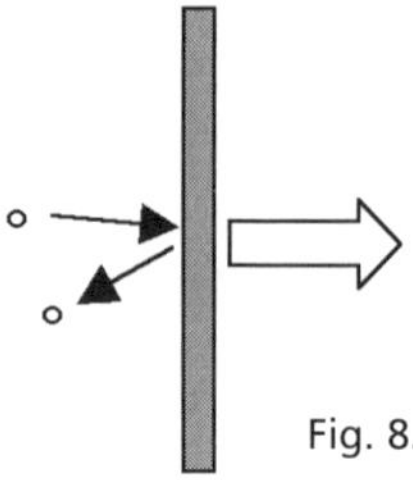

Fig. 8.1

Les machines thermiques

On comprend dans cette vision des choses, que le principe des machines thermiques consiste en quelque sorte à *organiser le chaos,* dont le thermomètre est le témoin, en obligeant le mouvement désordonné des molécules à se débrouiller pour « pousser » *dans une seule direction,* qu'il s'agisse du piston d'un moteur d'auto ou d'une locomotive à vapeur ou des aubes d'une turbine.

Chacun est conscient qu'il n'est pas bien difficile de créer du désordre ; par contre, remettre en ordre demande beaucoup de doigté. C'est la thermodynamique qui permit de savoir à quel point.

Le thermomètre selon Sadi Carnot

La thermodynamique, une nécessité historique ?

La révolution que les historiens nomment « industrielle » est née en Grande-Bretagne, intimement liée à l'invention et au perfectionnement de la machine à vapeur dans ce pays et particulièrement dans les mines de charbon des Cornouailles. Ce n'est qu'après la bataille de Waterloo (1815), qui signa la fin des guerres républicaines et impériales de la France, que le continent découvrit les énormes progrès générés par cette machine.

Sadi Carnot se penche sur les machines à vapeur

Il n'y a rien de plus grand dans toute l'étendue des sciences.
Lord Kelvin en découvrant l'œuvre de Sadi Carnot

Ce fils du célèbre général Lazare Carnot est universellement connu (des spécialistes) pour avoir publié à ses frais en 1824, soit tout juste un siècle après la publication de Fahrenheit sur son thermomètre, une petite brochure tirée à 600 exemplaires : *Réflexions sur la puissance motrice du feu et sur les machines propres à développer cette puissance*. Il mourut du choléra en 1832 à l'âge de 36 ans. Ses notes manuscrites inédites, fort importantes pour l'histoire de la science, ne furent publiées qu'en 1878 dans une réimpression de l'ouvrage. Carnot nous y indique quelles sont ses préoccupations :

> Malgré des travaux de tous genres entrepris sur les machines à feu, malgré l'état satisfaisant où elles sont aujourdhui parvenues, leur théorie est fort peu avancée, et les essais d'amélioration tentées sur elles sont encore dirigés presque au hasard.... On a souvent agité la question de savoir si la puissance motrice de la chaleur est limitée ou si elle est sans bornes ; si les perfectionnements possibles des machines à feu ont un terme assignable, terme que la nature des choses empèche de dépasser par quelque moyen que ce soit ou si au contraire ces perfectionnements sont susceptibles d'une extension indéfinie. On a aussi cherché, et l'on cherche encore aujourd'hui, s'il n'existerait pas des agents préférables à la vapeur d'eau pour développer la

> valeur motrice du feu ; *si l'air atmosphérique, par exemple, ne présenterait pas, à cet égard, de grands avantages*[1]. Nous nous proposons de soumettre ici ces questions à un examen réfléchi.

Les « principes » de la thermodynamique

Les principes de la thermodynamique sont parmi les plus fructueux qui soient pour l'humanité. *Ils donnent la première place à notre modeste thermomètre,* comme nous allons le voir.

Premier principe

C'est dans ses notes, écrites peu d'années avant sa mort, que Carnot énonce ce que nous nommons *principe de conservation de l'énergie* ou principe *d'équivalence* de la chaleur et du travail ou encore *premier principe de la thermodynamique.*

> Partout où il y a destruction de puissance motrice, il y a, en même temps, production de chaleur en quantité précisément proportionnelle à la quantité de puissance détruite. Réciproquement, partout où il y a destruction de chaleur, il y a production de puissance motrice. [...] On peut donc poser, en thèse générale, que la puissance motrice est en quantité invariable dans la nature, qu'elle n'est jamais, à proprement parler, ni produite ni détruite. À la vérité, elle change de forme, c'est-à-dire qu'elle produit tantôt un genre de mouvement, tantôt un autre ; mais elle n'est jamais anéantie.

Ces notes restèrent pratiquement inconnues. Un peu plus tard, le médecin allemand Robert Mayer ne dit pas autre chose en affirmant que la chaleur n'est qu'une sorte d'énergie et essaya de calculer le rapport entre la chaleur et la

1. Il suffit de penser aux moteurs qui entraînent actuellement nos automobiles, bateaux et avions.

« puissance motrice[1] ». Malheureusement son langage était fort obscur et il ne fut pas compris.

À cet égard, l'homme de la situation fut l'industriel et physicien amateur anglais, James Joule (1818-1889). À l'âge de 24 ans, en mesurant le déplacement de poids qui faisaient tourner des palettes dans de l'eau, il détermina ce que nous nommons l'*équivalent mécanique de la chaleur* et déclara qu'il valait 770. Autrement dit, pour élever la température d'une livre d'eau de 1 ° Fahrenheit, il devait faire descendre un poids d'une livre de 770 pieds[2].

Hermann von Helmholtz formula à son tour, en 1847, le principe de la conservation de l'énergie en montrant que les animaux obtiennent leur énergie des aliments, l'énergie chimique de ces derniers se transformant en mouvement mécanique et chaleur.

Deuxième principe

Le deuxième principe ou « principe d'évolution » est fort différent du premier. Carnot nous dit :

> La puissance motrice de la chaleur est *indépendante des agents mis en œuvre* pour la réaliser ; sa quantité est fixée uniquement par *les températures des corps entre lesquels se fait, en dernier résultat, le transport du calorique.*

Ce « principe de Carnot », en affirmant qu'un travail doit être accompagné d'une *chute de température* rejoint une constatation faite dans d'autres branches des sciences : un changement d'énergie dite « potentielle » (chute d'un corps,

---

1. Robert Mayer (1814-1878), *Uber die Kräfte der unbelebten Natur*, 1842.

2. 30 ans d'expériences plus tard, il précisait : 772,43. Aujourd'hui et en nos unités, pour élever la température d'un kilogramme (litre) d'eau de 1 °C, il faut faire descendre un poids d'un kilogramme de près de 427 mètres.

chute d'eau) résulte à l'évidence d'une différence de niveau ; un changement d'énergie « cinétique » (choc, freinage) s'accompagne d'une « chute » de vitesse ; l'apparition d'énergie électrique quelle que soit sa forme (éclairage, moteur,...) s'accompagne d'une chute de potentiel ou de tension.

Dans son ouvrage, Carnot exprime donc pour la première fois une idée essentielle, à savoir que, *dans toute machine utilisant de la chaleur pour produire du travail*, ce que nous appelons un moteur thermique, il existe toujours *deux parties à température différentes*. Dans cette conception, on a pu parler d'une « source » chaude fournissant de la chaleur à la machine, la fraction de cette chaleur inutilisée aboutissant à une « source » froide.

Ce sont ces conceptions qui furent largement développées à partir de 1850 par le prussien Rudolf Clausius, l'irlandais William Thomson et l'écossais William Rankine.

Rudolf Clausius était surtout un théoricien. Dans divers mémoires[1], il reformula les idées de Carnot et inventa la notion d'*entropie,* expression mathématique du chaos moléculaire, incontournable dans le calcul des moteurs thermiques et en thermodynamique en général.

L'échelle thermodynamique

Thomas Thomson, lord Kelvin[2], participait au même débat et proposa de définir une échelle de températures universelle

1. Surtout *Uber die bewegende Kraft der Wärme* (Théorie mécanique de la chaleur), 1850.

2. Il fut ennobli en 1866 pour la réussite de ses travaux sur le cable transatlantique posé entre l'Irlande et Terre-Neuve.

dite *thermodynamique*[1] permettant d'exprimer le principe de Carnot. Il s'agit bien sûr de notre échelle absolue, mais basée sur de toutes autres considérations, à tel point que le terme « absolu », devenu ringard, est actuellement remplacé par « thermodynamique ». Il s'agit là d'une décision de la Conférence Générale des Poids et Mesures de 1967 :

> L'unité de température *thermodynamique* est désignée sous le nom « *kelvin* » et son symbole est « K ».

L'on remarque que la température thermodynamique, ex-absolue, *ne s'exprime plus du tout en degrés*. À sa place, le *kelvin (K)* devient *une unité de mesure à part entière*, comme le mètre, la seconde ou le gramme. Il est possible désormais de s'en servir pour faire des opérations. Pour l'illustrer, posons la question suivante : quel est le double de 10 °C ? Ce n'est évidemment pas 20 °C. Pour le savoir, il faut passer par les « kelvins » : 10 °C valent 283 K (10 + 273) ; le double de 283 K vaut 566 K, soit 293 °C.

En son temps, l'ingénieur Rankine, spécialiste des machines à vapeur[2] publia l'esquisse d'une science de l'énergie, défendit les mêmes idées que Kelvin sous une autre forme et proposa en 1859 une échelle de température thermodynamique basée sur celle de Fahrenheit (degrés Rankine, °R). Dans cette échelle thermodynamique, il suffit d'ajouter *460 °F* à la lecture en degrés Fahrenheit[3]. Ainsi, 32 °F (0 °C) deviennent 492 °R, 212 °F (100 °C) deviennent 672 °R, etc. Cette échelle de Rankine est quasi inconnue en Europe, mais toute la science et la technique anglo-saxonne

---

1. *On an absolute thermometer scale founded on Carnot's theory of the motive power of heat and calculated from Regnault's observations*, 1848.
2. *Manual of the Steam Engine and Other Prime Movers*, 1859.
3. Pour les tatillons : 459,69.

furent développées jusqu'il y a peu en se servant de cette échelle ; ce n'est pas rien.

Le rendement des machines thermiques

Le rendement de Carnot

Revenons un moment sur les idées de Carnot et de Clausius, notre but étant bien entendu de mettre en évidence l'importance de notre thermomètre.

Parlons donc du rendement (η) de nos machines thermiques, autrement dit du rapport entre *le travail qu'elles nous fournissent* et la *quantité de chaleur qu'elles reçoivent*. À notre époque où se pose le problème de l'énergie utilisable et où l'on essaye de concevoir de nouveaux moteurs peu gourmands en combustible, la question est vitale.

Dans cette perspective, faisons confiance à Clausius, qui traduisit les idées de Carnot sous la forme suivante :

$$\eta = \frac{\mathbf{Tc} - \mathbf{Tf}}{\mathbf{Tc}} \qquad \eta = 1 - \frac{\mathbf{Tf}}{\mathbf{Tc}}$$

Tc étant la température thermodynamique de la source chaude et **Tf** celle de la source froide.

Sous sa première forme, elle montre que l'on ne peut obtenir du travail, autrement dit fabriquer un moteur thermique, qu'en disposant d'une *différence de température* (le rendement est nul si les deux températures sont les mêmes). Pour trouver de l'énergie thermique dans la nature, ce qui est un problème bien actuel, il suffit de se promener partout, non pas muni d'une baguette de sourcier, mais de *deux thermomètres*.

La seconde forme de la relation, montre plus clairement encore que le rendement de toute machine thermique est toujours limité et que pour l'augmenter, ce qui est un souci majeur, il faut chercher une température de source froide **Tf** la plus basse possible et une température de source chaude **Tc** la plus haute possible.

Pour bien montrer à quel point notre thermomètre est l'arbitre de l'énergie utilisable, nous proposons comme exemple une machine thermique utilisant comme source de chaleur l'eau de mer des océans tropicaux. La différence de température dont parlait Carnot existe indiscutablement entre la surface et le fond de ces océans car l'eau de surface peut y atteindre 28 à 30 °C dans le meilleur des cas et celle de l'eau en profondeur de 2 à 4 ° C. Pourquoi ne pas placer une machine ad-hoc à la surface et pomper de l'eau froide près du fond ? L'idée n'est pas nouvelle car en 1881 déjà le physicien Arsène d'Arsonval avait proposé d'utiliser la différence de température entre l'eau tiède d'un puit artésien (30 °C) et l'eau de la Seine (12 °C en hiver).

Que vaut le rendement de Carnot d'une telle machine installée sous les tropiques ?

Température de la source chaude (eau en surface) : + 24 °C (297 K).

Température de la source froide (eau du fond) : + 4 ° C (277 K).

Chute de température : 20 ° C.

Rendement maximum : 1 – 277/ 297 = 1 – 0, 93 = 0,067, soit près de 7 %.

On aura compris que pour obtenir une puissance intéressante en utilisant les meilleurs machines possibles, il faut utiliser des quantités d'eau énormes, mais elles sont totalement disponibles dans l'océan. Près du tiers des océans offrent une différence de température d'au moins 18 °C. Les machines thermiques de ce type qui puisent de l'eau froide au fond de l'océan se heurtent malheureusement à de gros problèmes techniques, surtout l'agitation de la mer et la pollution des machines par la vie aquatique. Les Américains étudient actuellement des centrales flottantes près de leurs côtes sud et à Hawaï, dont l'une fonctionne depuis 1981.

À travers ce simple exemple, on se rend compte à quel point la réflexion de Carnot est utile de nos jours, lui qui se demandait : « si la puissance motrice de la chaleur est limitée ou si elle est sans bornes ». Notre thermomètre, rebaptisé « thermodynamique », est là pour nous le dire.

Chapitre 9

LE THERMOMÈTRE AUJOURD'HUI

La modernisation du thermomètre

Le mercure victime de la fièvre environnementale

Il paraît que l'on casse trop de thermomètres dans les hôpitaux et que le mercure qu'ils contiennent se répand sur le sol en gouttelettes impossible à rattraper ! Du coup, l'on vient de décréter que ces pauvres gouttelettes sont « dangereuses pour la santé », comme on dit de nos jours à propos de tout et de rien. Ce sont, dit-on, des tonnes de mercure qui se dispersent ainsi dans notre « environnement ». Chacun sait que les hôpitaux ne sont pas des lieux très fréquentables à cause des maladies des autres, des infections suite aux opérations et des risques croissants de légionellose ; inutile de paniquer en plus à propos du mercure !

De même, dans la vie quotidienne, le mercure n'est pas si dangereux que cela. Si un enfant casse un thermomètre en le croquant, le méchant mercure ressortira sans grand dommage après avoir transité par l'intestin, seul le verre est évidemment dangereux. L'on a signalé quelques rares cas d'intoxication domestique provenant du fait que l'on est tenté de se débarrasser à l'aspirateur des gouttelettes qui s'incrustent dans les tapis ; dans ce cas, le mercure se vaporise ce qui présente un danger certain.

Ceci est un combat d'arrière garde. Il y a cinq ans que le thermomètre à mercure a été mis hors la loi par les défenseurs de l'environnement. Bien entendu, comme il s'en trouve des millions d'exemplaires dans nos pharmacies familiales, il faudra attendre de nombreuses années avant de parvenir à les casser tous. Pour les nostalgiques de cette fameuse colonne de mercure, on trouve depuis peu en pharmacie des thermomètres « au gallium ».

Le gallium, un faux mercure de transition

Ce métal n'est pas bien nouveau puisqu'il fut découvert en 1875 par le chimiste Lecoq de Boisbaudran. Brillant comme le mercure, *il fond à 30 °C* et bout *à 2 350 °C* ; c'est de tous les éléments celui dont l'écart entre le point de fusion et d'ébullition est le plus élevé. Ce parvenu de gallium, associé à un peu d'indium et de l'étain, forme le « faux mercure » que l'on trouve actuellement dans certains thermomètres médicaux en attendant qu'on le découvre « mauvais pour la santé », ce qu'il est d'ailleurs.

Le thermomètre médical numérique

Le remplaçant actuel du thermomètre à mercure est un modèle électronique dont l'élément sensible permet une lecture directe, rapide et numérique. Le petit calculateur incorporé mesure rapidement la température de l'embout et calcule pendant quelques secondes la vitesse d'élévation de la température. Il fait ainsi une prédiction de ce que sera la température finale sans attendre la stabilisation et annonce par un « bip » que l'on peut faire la lecture.

Le thermomètre à thermistor

Le capteur de température utilisé dans le thermomètre médical et toutes les applications bon marché n'est autre qu'une résistance électrique dite thermistor[1] dont la résistance diminue fortement lorsque la température augmente (souvent de 2 à 5 % par degré Celsius[2]). Ces thermistors sont constitués d'oxydes métalliques frittés, généralement de manganèse, de cobalt, de cuivre ou de nickel aux formes et dimensions d'une grande diversité. On peut en construire de minuscules (par exemple 1/2 mm de diamètre) et on les utilise un peu partout car ils ne coûtent presque rien. Ils sont fort bien adaptés aux thermomètres médicaux dont la gamme de lecture est par nature fort réduite (36 à 40 °C) et ils atteignent sans trop de problèmes la précision requise de 0,1 °C.

Le thermomètre en platine

C'est vers 1830 que Humphry Davy constata que dans les métaux purs la résistance au passage d'un courant électrique *augmente avec la température*, mais ce n'est que 40 ans plus tard que le fameux ingénieur allemand Wilhelm von Siemens proposa le premier thermomètre basé sur cet effet[3]. En 1887, le physicien anglais Longbourne Callendar compara les indications d'un thermomètre utilisant un fil de platine à celle fournies par un thermomètre à gaz, la référence absolue. Au terme d'une étude approfondie[4], il en vint à la conclusion

---

1. Il s'agit d'un *Thermal Resistor*, comme il existe un *Transfer Resistor* ou transistor. L'Académie française dit *thermistance.* Grand bien lui fasse.

2. On les dit à coefficient de température négative (CTN). Il en existe aussi à coefficient positif, mais ils ne sont pas utilisés comme thermomètres.

3. *On an electric resistance thermometer for observing temperatures at inaccesible locations*, Proceedings of the Royal Society of London, 1871.

4. Parue dans les *Philosophical Transactions* de 1887.

qu'il s'agissait du *thermomètre idéal* car une équation très simple permettait de relier les mesures électriques à celles faites à l'aide du thermomètre à gaz, la vraie température thermodynamique !

Depuis ce temps, cette courbe a été soigneusement étudiée par une multitude de spécialistes et ces espoirs n'ont pas été déçus. En prenant de grandes précautions pour enrouler le fil de platine sur son support (mica, céramique) et en évitant la moindre contrainte qui pourrait faire varier sa résistance, on peut l'utiliser jusqu'aux environs de 1 000 °C.

Au-delà, son emploi devient problématique, bien que le platine ne fonde que vers 1 770 °C. Ce thermomètre reste de plus extrêmement précis jusqu'aux très basses température, de l'ordre de – 260 °C. Une gamme de température allant de – 260 °C à 1 000 °C et une précision remarquable en font *le champion absolu des thermomètres,* le vrai thermomètre moderne[1] !

Comment mesurer directement la température thermodynamique ?

Comme indiqué au chapitre précédent, pour trouver la température thermodynamique en kelvins, il suffit d'ajouter simplement 273 à l'indication d'un thermomètre classique[2]. Il s'agit là d'un moyen simple, mais bien détourné, car on a montré au fil du temps qu'il existe des phénomènes qui, par

1. Pour des mesures précises à hautes températures, on utilisa longtemps des *thermocouples*, piles électriques formées de deux métaux différents. Ces derniers sont toujours d'emploi courant pour mesurer la température de la lave et des gaz des turboréacteurs d'avion.

2. 460 dans l'échelle Fahrenheit.

nature, dépendent *directement* de cette dernière et permettent de la mesurer. Il s'agit surtout du *bruit de fond* dans les circuits électriques, de la *vitesse du son* dans les gaz et de *l'énergie rayonnée* par tous les corps.

Le bruit thermique

Ceux qui ont mesuré le courant continu circulant dans une résistance, ont constaté depuis longtemps la présence de *fluctuations* de ce courant, fluctuations manifestement dues au hasard et que l'on nomme *bruit de fond* ou bruit blanc, par analogie au bruit dont on parle en acoustique. C'est celui que l'on peut entendre sous forme d'un *souffle* en écoutant un amplificateur au repos ou que l'on peut voir sous forme de *neige* en observant un téléviseur ne recevant aucun signal.

La valeur de ce « bruit », mesurée entre deux fréquences, est *strictement proportionnelle à la température thermodynamique* car elle est directement liée à l'agitation des molécules, ou plutôt, dans ce cas-ci, des électrons. Ce bruit n'existe bien entendu pas au zéro absolu, mais on en est généralement bien loin. Incidemment, on comprend que pour n'importe quel récepteur, le rapport entre le signal que l'on désire recevoir et ce bruit d'origine thermique doit être le plus élevé possible, ce que l'on obtient en refroidissant tous les circuits ou, mais c'est un pis-aller, en réduisant le nombre de fréquences que l'on désire recevoir simultanément (bande passante).

Ce qui est un inconvénient majeur dans un récepteur sensible peut devenir un avantage car la relation entre la température absolue et le bruit est très précise[1]. Il est ainsi possible de fabriquer un thermomètre électronique basé sur

1. L'existence et la théorie de l'effet thermique furent mis en évidence simultanément en 1928 par J. Johnson (Johnson Noise) et par J. Nyquist. *Thermal Agitation of Electricity in Conductors*, Physical Review, 1928.

cet effet direct et allant de 0 °C à 400 °C (on espère aller plus tard jusqu'à – 200 °C), avec une précision de quelques millièmes de degré !

La vitesse du son

Le son, dans l'air, n'est autre qu'une succession de compressions et de détentes qui se propagent, obéissant par chance rigoureusement aux lois les plus simples de la thermodynamique[1]. Ainsi, *le carré de la vitesse du son* dans un gaz (représentant l'énergie cinétique des molécules) est *strictement proportionnel à la température thermodynamique.*

$$\textbf{Vitesse du son}^2 = \textbf{K. T}$$

La vitesse du son dans l'air est donc reliée à la température thermodynamique par l'expression :

$$\textbf{Vitesse du son} = \sqrt{\textbf{K. T}}$$

Dans le cas idéal (air sec), cette vitesse est de 331 m/s à 0 °C, mais déjà de 346 m/s à 25 °C. En comptant 340 mètres par seconde (environ 1200 km/h), chacun de nous peut se faire une idée grossière de la distance d'un orage en comptant le temps qui s'écoule entre l'éclair et le grondement du tonnerre.

Rappelons que l'on doit au physicien autrichien Ernst Mach (1838-1916) le nombre bien connu qui indique le rapport entre la vitesse d'un écoulement et celle du son dans cet écoulement (à la même température !). Autre façon de

1. Compression et détente adiabatiques.

voir, le nombre de Mach ou plus exactement son carré ne fait qu'exprimer le rapport entre l'énergie cinétique de l'écoulement de l'air dans une *direction* et celle des molécules *s'agitant au hasard*, énergie que l'on sait être proportionnelle à la température thermodynamique. En un raccourci osé, on pourrait dire qu'il s'agit d'une sorte de rapport entre l'ordre et le désordre dans un écoulement.

S'il faut connaître la température absolue pour calculer la vitesse du son, il est par contre possible de déduire cette température d'une mesure effective de cette vitesse dans l'un ou l'autre gaz. Il existe ainsi des thermomètres basés sur ce principe permettant de mesurer la température thermodynamique au millième de degré, quoique dans une gamme limitée de températures.

L'énergie rayonnée

Quelle est la température des braises de notre barbecue ? Cette question n'est pas essentielle, mais rien n'empèche de la poser. En tous cas, impossible de trouver dans les magasins un thermomètre ad-hoc. Parmi tous les inventeurs de thermomètres, seul Newton avait eu le culot d'attribuer une valeur à la température de ces braises (niveau 5 ou 192 de ses degrés). Cependant, il existe à notre époque une tout autre approche.

Observons ces braises pendant que nous soufflons dessus. Lorsque la température augmente (c'est le but de l'opération), les braises *changent de couleur* passant d'un rouge sombre au rouge vif, tandis que leur *luminosité augmente.* Dans une forge, le ventilateur qui nous évite de nous époumonner, permet même d'atteindre un blanc éblouissant en passant par une sorte d'orange clair. Il s'agit ici d'énergie que le charbon de la forge transmet *par rayonnement*, mais c'est le cas pour n'importe quel corps.

Notons que les métallurgistes utilisent depuis bien longtemps ce procédé en évaluant à l'œil la couleur des métaux en fusion ; ce que l'on nomme la température « de couleur » ; un homme de métier peut même apprécier la température d'un four à moins de 100 degrés près. Ainsi, dans une forge, un métal commence à rougir vers 600 °C, porté au rouge « cerise » il sera à 900 °C, à l'orangé clair à 1 200 °C et au blanc éblouissant, le maximum d'un feu de forge, à 1 500 °C environ.

Ce rayonnement est constitué d'ondes lumineuses en partie invisibles (infrarouges) qui, sans intermédiaire viennent frapper les corps qui les entourent ; présenter la paume de ses mains devant un feu ouvert en est la plus agréable des démonstrations.

Au XIXe siècle, la crème des scientifiques se demanda comment l'énergie liée à l'agitation déordonnée des molécules d'un corps pouvait se transformer en rayonnement. Pour simplifier la question, le savant allemand Kirchhoff inventa en 1859 la notion de *corps noir,* cas limite représenté par un corps qui absorbe toutes les radiations ; les braises de notre barbecue n'en sont pas très loin.

En 1879, Joseph Stephan, professeur à l'université de Vienne, découvrit expérimentalement une loi essentielle que son collège et compatriote Boltzmann retrouva par la théorie cinq ans plus tard, loi que nous nommons à juste titre loi de Stefan-Boltzmann. Cette loi montre que l'*énergie rayonnée est proportionnelle à la* ***quatrième*** *puissance de la température* (thermodynamique évidemment) du corps noir.

Énergie rayonnée = k. T^4

Au vu de cet exposant, on comprend qu'aux températures élevées l'essentiel de la transmission de chaleur se fasse par rayonnement ! L'application de cette loi à celle du Soleil, dont nous dépendons totalement, montre que sa surface est à environ 6 000 degrés[1].

Cependant, l'étude du corps noir montra que l'énergie n'est pas rayonnée de la même façon à toutes les fréquences. C'est d'ailleurs ce que nous interprétons en terme de couleur (fig. 9.1)[2].

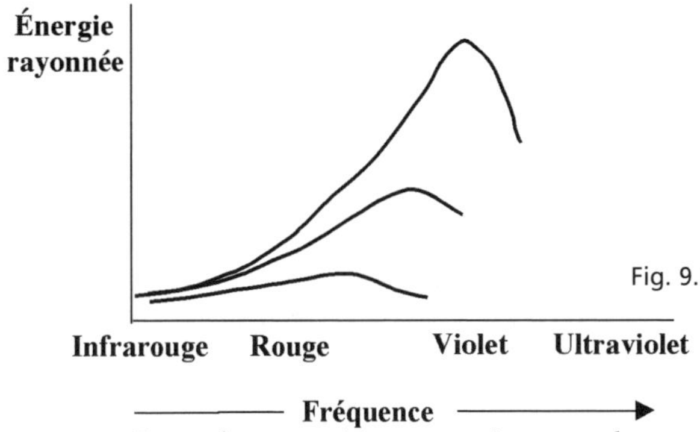

Fig. 9.1

Pour des températures croissantes, le sommet de la courbe se déplace vers les fréquences élevées.

On voit qu'aux basses températures, le rayonnement est invisible ; il s'agit de rayonnement infrarouge. Au-delà, il devient progressivement rouge, orange, jaune puis blanc ; c'est en tout cas l'opinion de notre œil.

1. Par contre, à l'intérieur, il s'agit de millions de degrés. On remarque à quel point la surface du soleil est « froide ».

2. L'équation de cette courbe est la relation « de Planck », le physicien qui bouleversa la physique de son temps en imaginant, pour l'expliquer, la notion de *quantum d'action* (théorie des quanta).

On comprend qu'il soit possible de construire des thermomètres indiquant *directement* la température thermodynamique en mesurant soit la puissance totale du rayonnement, soit cette puissance pour une ou plusieurs fréquences en utilisant des filtres. Un gros avantage du thermomètre à radiation est qu'*il n'a pas à être en contact avec l'objet dont on veut mesurer la température.* De plus, il n'est pas nécessaire d'attendre l'équilibre thermique, ce qui permet une mesure très rapide. Comme chacun sait, il existe actuellement des thermomètre médicaux mesurant les infra rouges émis par le tympan.Le thermomètre à radiation permet évidemment de mesurer des températures très élevées et cela d'autant plus facilement que l'intensité du rayonnement augmente énormément avec la température (quatrième puissance !).

Le thermomètre de l'an 2000 : un *come back* de Newton

À notre époque, les mesures de température ont pris une telle importance que ceux qui désiraient graduer l'échelle de notre thermomètre ont dû faire un gros effort de recherche. Il s'agissait d'abord de mesurer une *très large gamme de températures,* allant de valeurs proches du zéro absolu, où tout se solidifie, à des températures très élevées auquel aucun corps ne résiste. Il fallait aussi créer *des étalons* d'une extrême précision utilisables par tout le monde, ou presque, l'eau qui bout étant passé de mode. Il s'agissait aussi de *coller au plus près à l'échelle « thermodynamique »* (ex-absolue) définie par le thermomètre à hydrogène selon la recette d'Amonton, même si l'on s'exprime pratiquement toujours en degrés Celsius.

Pour étalonner ces thermomètres modernes, des conférences internationales se sont succédées depuis 1927, mais c'est en 1990 que fut définie la toute dernière mouture, que les spécialistes nomment dans leur jargon ITS 90 (***International Temperature Scale 1990***)[1].

Si l'on examine cette échelle pratique, en fait ***celle de notre thermomètre moderne,*** on remarque une chose étonnante : le retour à la façon de faire que Newton avait indiqué en 1701.

En effet :

– *Le zéro de l'échelle correspond à la glace fondante,* plus exactement au point triple de l'eau dont nous allons dire un mot.

– Les autres températures sont définies par *le point de fusion d'une série de métaux.*

– Aux températures élevées, on se sert de *l'intensité du rayonnement* des corps en utilisant la loi de Planck.

D'abord quelques mots pour commenter ce point triple de l'eau devenu la référence essentielle, mais qui ne concerne en vérité que ceux pour qui une erreur d'un centième de degré est un désastre.

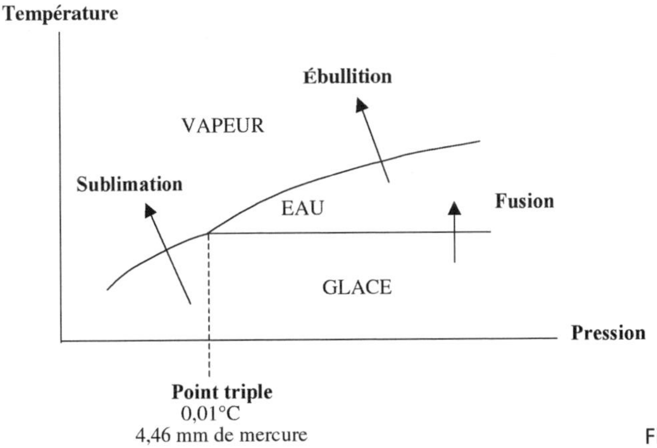

Fig. 9.2

1. Publiée par le Bureau International des Poids et Mesures.

Nous avons vu que la température d'*ébullition* de l'eau (passage rapide de l'état liquide à l'état de vapeur) augmente fortement avec la pression. Phénomène moins connu, la *sublimation* dans laquelle la glace se transforme directement en vapeur et qui dépend aussi de la pression. Enfin, la *fusion* de la glace (passage de l'état solide à l'état liquide) ne dépend, elle, *presque pas* de la pression ambiante ; c'est d'ailleurs ce qui a permis d'utiliser ce phénomène sans trop d'états d'âme pour déterminer le degré zéro de nos thermomètres (fig. 9.2).

Fig. 9.3

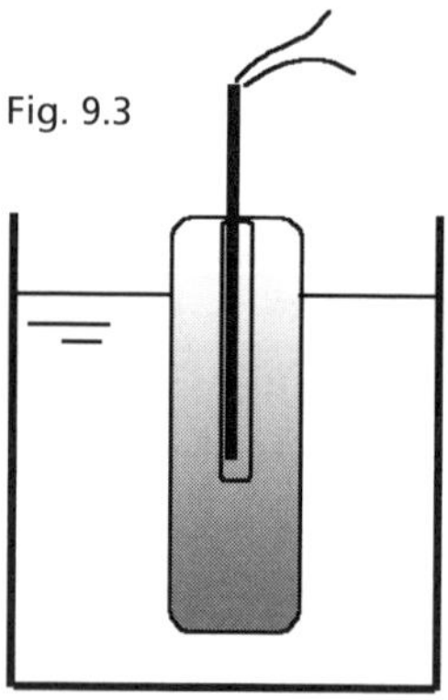

Les métrologues, n'étant pas contents de voir la température de la glace fondante augmenter un tout petit peu avec la pression, décidèrent de l'enfermer dans une ampoule scellée en présence de sa propre vapeur, et cela à très basse pression (fig. 9.3). C'est dans cette situation que glace, eau et vapeur d'eau sont toutes trois à une température bien fixe de *0,01* °C.

La petite ampoule contenant simultanément de l'eau dans ses trois états est pourvue d'une cavité permettant de placer le thermomètre (électrique) à étalonner. Il faut dire que la précision de 0,15 millièmes de degré que cette ampoule autorise pulvérise, si l'on peut dire, celle de 2 millièmes de degré obtenue au mieux par la glace fondante.

C'est peu après la dernière guerre mondiale que ceux qui se préoccupaient du thermomètre décidèrent d'abandonner l'ancestrale fusion de la glace pour ce point triple de l'eau. Le texte officiel, qui a aujourd'hui un demi siècle, est le suivant :

> La Dixième Conférence générale des poids et mesures 1954 décide de définir l'échelle thermodynamique de température au

moyen du point triple de l'eau comme point fixe fondamental, en lui attribuant la température 273,16 degrés Kelvin[1], exactement.

Entre le point triple de l'*hydrogène* (14 kelvins ou – 287 °C si l'on préfère)[2] et celui de la *congélation de l'argent* (+ 962 °C), on utilise *uniquement un thermomètre à résistance de platine* que l'on étalonne à l'aide du point de fusion de divers métaux. C'est ce que Newton avait proposé de son temps en utilisant une barre de fer rougie (fig. 3.5), méthode, on s'en doute, moins élaborée que celles en usage de nos jours.

Les repères servant aux étalonnages de haute précision sont les suivants : le point triple du *mercure* (– 39 °C), toujours présent lorsqu'on a besoin de lui, la fusion du *gallium* (30 °C) (page 104), la congélation de l'*indium* (157 °C), de l'*étain* (232 °C), du *zinc* (420 °C), de l'*aluminium* (660 °C) et de l'*argent* (962 °C).

Les cellules utilisant du gallium sont d'un grand intérêt car la température de fusion de ce métal, proche du point triple de l'eau, est d'une précision extrême (29,7646 °C à la pression atmosphérique au niveau de la mer !). Elles permettent d'étalonner sans problème les thermomètres jusqu'à 660 °C en extrapolant certes, mais tout en atteignant une précision se chiffant en millièmes de degrés !

Pour les températures supérieures à la congélation de l'argent (962 °C), on se sert de thermomètres *mesurant la radiation* en utilisant pour leur étalonnage la congélation de l'or (1 064 °C) et du cuivre (1 085 °C). On en revient, là aussi, à ce qu'avait proposé Newton qui observait ses braises et son fer rouge au crépuscule (page 44).

---

1. Ce n'est qu'en 1967 que le kelvin remplaça le « degré » Kelvin.

2. Comme il n'est pas question ici de haute précision, nous avons arrondi les chiffres au degré près. De même, nous ne parlerons pas des méthodes très particulières utilisées très près du zéro absolu.

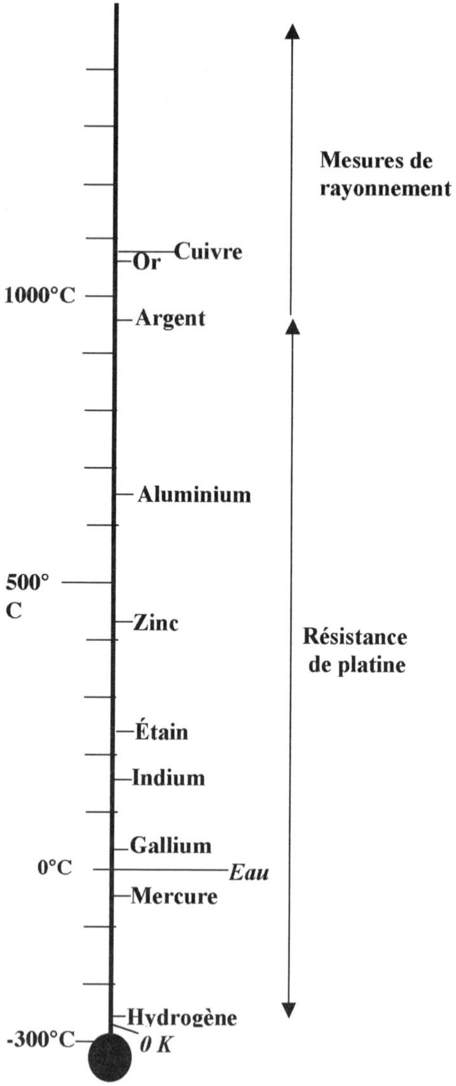

L'échelle pratique actuelle
(*International Temperature Scale 1990*)

Quelques températures-repères

°C	°F	Kelvins	Notes
+ 5.600	+ 10.110	5.873	Surface du soleil
+ 4.000	+ 7.230	4.273	Taches solaires
+ 2.700	+ 4.890	2.973	Filament de tungstène
+ 1.530	+ 2.790	1.803	Fusion du fer
+ 1.064	+ 1.950	1.337	Fusion de l'or
+ 962	+ 1.760	1.235	Fusion de l'argent
+ 750	+ 1.380	1.023	Fer rouge
+ 232	+ 450	505	Fusion de l'étain
+ 100	***+ 212***	**373**	***Ébullition de l'eau***
+ 79	+ 174	352	Ébullition de l'alcool
+ 37	+ 99	310	Corps humain
+ 35	+ 95	308	Ébullition de l'éther
+ 15	+ 59	288	Température de l'air au niveau de la mer[1]
+ 12	+ 54	285	Cave profonde
0	***+ 32***	***273***	***Fusion de la glace***
– 11	+ 12	262	Température de l'air à 3 000 m[1]
– 18	**0**	255	Réfrigérant de Fahrenheit
– 40	– 40	233	Congélation du mercure
– 56	– 70	217	Température de l'air à 11 000 m[1]
– 210	– 350	63	Fusion de l'azote
– 218	– 360	55	Fusion de l'oxygène
– 260	– 440	13	Fusion de l'hydrogène
– 273	***– 460***	***0***	***Repos des molécules***

Valeurs arrondies. Températures d'ébullition sous 1 atmosphère.

1. Atmosphère standard. 45 ° de latitude.

CONCLUSION

Depuis l'époque où Hooke et Newton inventaient leurs thermomètres, beaucoup d'eau a coulé sous les ponts de Londres. Nos petits enfants se demanderont peut-être pourquoi l'on parle de mercure à propos de température quand personne n'en voit nulle part. L'histoire laisse parfois quelques traces discrètes comme un °R bizarre en haut d'un vieux thermomètre. Pour les Parisiens, la station de métro Réaumur-Sébastopol ne veut pas dire grand'chose ; Sébastopol peut-être mais Réaumur ? Les Américains et les Britanniques n'ont pas plus oublié le degré Fahrenheit que les Français n'ont oublié le franc ni même le sou de l'Ancien Régime.

La découverte du fait longtemps caché que la température n'est autre qu'une image du chaos invisible qui règne dans la matière est déterminante pour notre avenir. Le mouvement perpétuel n'existant pas, force nous est d'ordonner ces mouvements aléatoires selon la vieille formule *ordo ab chaos* et cela en inventant toujours de nouvelles machines sous la surveillance de notre thermomètre qui nous dit ce qui est possible et impossible. Voilà où nous en sommes.

Ayons une pensée pour tous ceux qui se sont donné tant de mal pour en arriver là. Souvenons nous, par ordre d'entrée en scène, de Messieurs Ferdinando de Florence, Santorio, Hooke, Newton, Roëmer, Fahrenheit, Delisle, Réaumur, Deluc, Linné, Christin, Celsius et tant d'autres.

LECTURES

Ouvrages de base

Encyclopaedia Universalis, Corpus 15, « Thermomètre et température ».

Encyclopédie de la Pléiade. « Histoire de la science. Invention du thermomètre », Gallimard, Paris.

Poggendorff J. C., *Histoire de la physique*, Dunod, 1983.
Ouvrage fort intéressant, mais vieilli.

Middleton W. K., *A History of the Thermometer and Its Use in Meteorology*, ed. J. Hopkins, Baltimore, 1966, réédité en 2003.
Ouvrage incontournable, particulièrement pour son analyse critique de l'histoire du thermomètre. Disponible sur Internet.

Sites internet fiables

Biographie de Réaumur
http://www.agora.qc.ca./mot.nsf/dossiers/Rene_Antoine_Ferchault_de_Reaumur

Biographie de Jean André Deluc
http://www.isuisse.ifrance.com/ssgf/deluc.htm

Biographie de Joseph Nicolas Delisle
http://www.cosmovisions.com/Delisle.htm

Sur l'échelle internationale de température
The Internet resource for the International Temperature Scale of 1990:
http://www.its-90.com/its-90.html

Sur la graduation de Fahrenheit
A lesson on the arbitrary nature of thermometer scales using the historical case of the creation of the Fahrenheit temperature scale:
http://www.x98ruhf.net/temperature_lesson.htm

On the Fahrenheit scale, why is 32 freezing and 212 boiling? What do 0 and 100 mean ?
http://www.straightdope.com/classics/a891215.html

TABLE DES MATIÈRES

INTRODUCTION 5

1. L'INVENTION DU THERMOMÈTRE 7

- Qu'est-ce qu'un thermomètre ? 7
- Alcool ou mercure : quel est le meilleur ? 8
- Et pourquoi pas un thermomètre à eau ? 10
- Le premier thermomètre était à air ! 11
- Le thermomètre à alcool 14
- Des ballons dans le thermomètre de Galilée ? 19

2. COMMENT GRADUER UN THERMOMÈTRE ? 23

- En quête de températures constantes 24

3. LES THERMOMÈTRES DE HOOKE ET DE NEWTON 35

- Le thermomètre « à degrés de dilatation » de Robert Hooke 36
- L'huile de lin et le fer rouge d'Isaac Newton 39

4. LE THERMOMÈTRE DE FAHRENHEIT 47

- Roëmer, maître à penser de Fahrenheit 47
- L'échelle de Gabriel Fahrenheit 49

5. LE THERMOMÈTRE DE RÉAUMUR 53

- Vous avez dit Réaumur ? 53
- Une méthode inapplicable 54
- Faux triomphe du thermomètre de Réaumur 56
- Deluc condamne le thermomètre de Réaumur 58
- Finalement, qu'appelle-t-on « thermomètre de Réaumur » ? 61

6. LA GRADUATION CENTIGRADE 63

- Rencontre de trois thermomètres en Laponie ! 63
- Des thermomètres gradués à l'envers ! 65
- Celsius et son thermomètre centigrade « à l'envers » 68
- Enfin de « vrais » thermomètres centigrades ! 69
- Faut-il dire centigrade, centésimal ou Celsius ? 78

7. À LA RECHERCHE DU DEGRÉ ZÉRO 83

- Un zéro très froid ? 83
- Jusqu'où l'air peut-il se contracter ? 84

8. LA TEMPÉRATURE ABSOLUE : À QUOI CELA SERT-IL ? 91

- La température et la pression : deux mesures du chaos 92
- Les machines thermiques 94
- Le thermomètre selon Sadi Carnot 94
- Sadi Carnot se penche sur les machines à vapeur 95
- Les « principes » de la thermodynamique 96

• L'échelle thermodynamique 98
• Le rendement des machines thermiques 100

9. LE THERMOMÈTRE AUJOURD'HUI 103

• La modernisation du thermomètre 103
• Comment mesurer directement la température thermodynamique ? 106
• Le thermomètre de l'an 2000 : un *come back* de Newton 112

CONCLUSION 119

LECTURES 121

Aubin Imprimeur
LIGUGÉ, POITIERS

Achevé d'imprimer en juin 2005
N° d'impression L 68615
Dépôt légal, juin 2005
Imprimé en France